表面工程与再制造技术
——热喷涂替代电镀铬研究与应用

吴燕明　陈小明　赵坚　著

内 容 提 要

本书主要从电镀铬的种类与应用、现代热喷涂技术的发展以及热喷涂涂层的性能研究与应用等方面，对热喷涂替代电镀铬研究与应用进行了系统的阐述。通过对超音速火焰热喷涂、超音速等离子热喷涂以及超音速电弧热喷涂相关配方和工艺的深入研究，实现对不同类型电镀铬（耐磨镀硬铬、耐蚀耐磨复合镀铬、防腐装饰镀铬）的替代及满足更高性能要求，有效解决电镀铬技术的环境污染、镀铬层性能低、使用寿命短等问题，大幅提高机械零部件性能与寿命。

本书可为相关行业工程技术人员和科研工作者提供有益参考，也可供相关专业的大学本科生和研究生使用和参考，也可为有关决策提供科学依据。

图书在版编目（CIP）数据

表面工程与再制造技术 : 热喷涂替代电镀铬研究与应用 / 吴燕明，陈小明，赵坚著. -- 北京 : 中国水利水电出版社，2016.5
ISBN 978-7-5170-4508-3

Ⅰ. ①表… Ⅱ. ①吴… ②陈… ③赵… Ⅲ. ①金属表面处理－热喷涂 Ⅳ. ①TG174.442

中国版本图书馆CIP数据核字(2016)第149364号

书　名	**表面工程与再制造技术——热喷涂替代电镀铬研究与应用**
作　者	吴燕明　陈小明　赵坚　著
出版发行	中国水利水电出版社 （北京市海淀区玉渊潭南路1号D座　100038） 网址：www.waterpub.com.cn E-mail：sales@waterpub.com.cn 电话：(010) 68367658（发行部）
经　售	北京科水图书销售中心（零售） 电话：(010) 88383994、63202643、68545874 全国各地新华书店和相关出版物销售网点
排　版	中国水利水电出版社微机排版中心
印　刷	北京瑞斯通印务发展有限公司
规　格	184mm×260mm　16开本　6.5印张　154千字
版　次	2016年5月第1版　2016年5月第1次印刷
定　价	**48.00**元

前　言

随着现代工业的高速发展，表面工程与再制造技术已成为不可或缺的关键技术之一。它能大幅提高机械零件性能，使其能够在高速、高温、高压、重载、冲击、磨损、磨蚀及腐蚀等工况下可靠、持续运行，在大幅延长机械零部件寿命的同时，还可以对废旧机械零部件进行再制造，使其获得新的生命，实现节能减排，减少环境污染。正因为此，表面工程与再制造技术在各个行业得到高度重视和发展。另一方面，随着技术的推广，对表面工程与制造技术也提出了新的课题，例如：如何使过流机械零部件表面涂层既有很好的强度，又有很高的韧性，同时解决空蚀和冲蚀防护的不同需求；如何在提高大面积表面强化能力同时，保持涂层高结合力和性能均匀性，且无裂纹产生；如何保证涂层在热处理后仍能保持合格性能等。

水利部杭州机械设计研究所（又名水利部产品质量标准研究所），致力于解决表面工程与再制造技术在实际工程应用中面临的关键技术难题，主要在热喷涂、激光熔覆与合金化等方面开展设备关键技术、配方与工艺研究与应用。经过十多年不断研究，取得了一系列科研成果，在超音速等离子喷涂、超音速电弧热喷涂、高超音速火焰喷涂、爆炸喷涂、激光熔覆与合金化等方面拥有自主知识产权、适用于不同要求的高性能配方、工艺以及喷枪关键技术，大幅提高了有关涂层的性能。这些研究成果已被广泛应用于水利水电、机械制造等行业。

电镀铬这项传统技术长期以来被用于机械零部件表面耐磨、耐蚀及装饰等，广泛应用于水利水电、机械制造、化工、航空航天、军工等行业。然而电镀铬过程中会产生大量有毒物质，如含有Cr^{6+}的废气废水会导致严重环境污染。近年来，电镀铬在发达国家已逐渐被严格限制甚至禁止使用，我国也出台了类似政策。另一方面，现代工业的发展也对表面性能提出了更高的要求，电镀铬本身已无法满足。热喷涂技术不仅可以实现电镀铬的有关功能，而且可以满足更高性能的要求，环保无污染。国外虽对于热喷涂研究起步较早，但在替代电镀铬研究与应用方面仍存在结合强度不高，导致剥落；高硬度、高耐磨，但是同时也导致了韧性差、易开裂；致密度不够，存在孔隙，造成外部与基体连通形成“原电池”腐蚀等关键技术问题。

鉴于以上关键技术问题，作者专门针对热喷涂技术替代电镀铬进行了深入系统的研究，获得了大量有实际应用价值的数据和一系列研究成果，在此基础上，结合国内外同行的有关文献资料，撰写了《表面工程与再制造技术——热喷涂替代电镀铬研究与应用》一书。本书可为相关行业工程技术人员和科研工作者提供有益参考，也可供相关专业的大学本科生和研究生使用和参考，也可为有关决策提供科学依据。

本书主要从电镀铬的种类与应用、现代热喷涂技术的发展以及热喷涂涂层的性能研究与应用等方面，对热喷涂替代电镀铬研究与应用进行了系统的阐述。通过对超音速火焰热喷涂、超音速等离子热喷涂以及超音速电弧热喷涂相关配方和工艺的深入研究，实现对不同类型电镀铬（耐磨镀硬铬、耐蚀耐磨复合镀铬、防腐装饰镀铬）的替代及满足更高性能要求，有效解决电镀铬技术的环境污染、镀铬层性能低、使用寿命短等问题，大幅提高机械零部件性能与寿命。

本书共分为8章，主要内容有：绪论、电镀铬种类及应用、替代电镀铬层的热喷涂涂层设计、超硬耐磨金属陶瓷涂层制备及性能研究、Cr_3C_2 耐磨耐腐蚀涂层制备及性能研究、Cr_2O_3 耐磨耐腐蚀涂层制备及性能研究、AT13 耐磨耐腐蚀涂层制备及性能研究、FeCrNi 复合防腐涂层制备及性能研究。全书由吴燕明统稿，其中，第 1 章至第 2 章由赵坚、陈小明撰写；第 3 章由吴燕明、毛鹏展撰写；第 4 章由陈小明、周夏凉撰写；第 5 章由毛鹏展、周夏凉撰写；第 6 章由伏利、陈小明撰写；第 7 章由刘伟、王莉容撰写；第 8 章由赵坚、伏利撰写。

在本书的撰写过程中，得到了许多专家学者以及同事的大力支持和帮助，在此特向他们致以真诚的感谢。本书在撰写过程中参考和引用了许多国内外同行的文献资料，在此谨向他们表示诚挚的谢意。

本书的研究得到了水利部“948”计划（项目编号：201218）、浙江省公益性项目（项目编号：2014C31156、2013C31044）、水利部综合事业局拔尖人才项目、杭州市社发科研专项（项目编号：20120433B35）、杭州市西湖区十大科技专项（115411N007）、水利机械及其再制造技术浙江省工程实验室自主创新项目（2015STR01、2015STR05）等的大力资助，在此表示感谢。限于作者的研究水平，书中难免存在疏漏之处，敬请同仁批评指正。

作者

2016 年 3 月 10 日

目　录

第1章　绪　　论

1.1　电镀铬技术

电镀技术起源于中世纪欧洲的炼金术，由原始的瓶瓶罐罐和各色溶液通过导线相连发展成现代的电镀技术，其中电镀铬是应用最广的一项电镀技术。电镀铬是一种电化学过程，也是一种氧化还原过程。电镀铬的基本过程是将工件浸在镀铬溶液中作为阴极，金属板作为阳极，接直流电源后，在工件表面沉积出所需的镀铬层[1-2]。见图1.1。

电镀铬的基本工序为：（磨光→抛光）→上挂→脱脂除油→水洗→（电解抛光或化学抛光）→酸洗活化→（预镀）→电镀→水洗→（后处理）→干燥→下挂→检验。各工序的作用为：

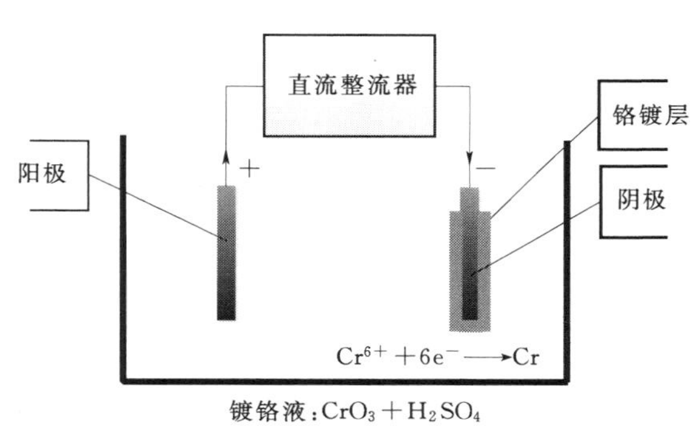

图1.1　电镀铬基本原理示意图

前处理：施镀前的所有工序称为前处理，其目的是修整工件表面，除掉工件表面的油脂、锈皮、氧化膜等，为后续镀层的沉积提供所需的电镀表面。前处理主要影响到外观和结合力，据统计，60%的电镀不良品是由前处理不良造成，所以前处理在电镀工艺中占有相当重要的地位。

喷砂：除去零件表面的锈蚀、焊渣、积碳、旧油漆层，和其他干燥的油污；除去铸件、锻件或热处理后零件表面的型砂和氧化皮；除去零件表面的毛刺和方向性磨痕；降低零件表明的粗糙度，以提高油漆和其他涂层的附着力；使零件呈漫反射的消光状态。

磨光：除掉零件表明的毛刺，锈蚀、划痕、焊缝、焊瘤、砂眼、氧化皮等各种宏观缺陷，以提高零件的平整度和电镀质量。

抛光：抛光的目的是进一步降低零件表面的粗糙度，获得光亮的外观。有机械抛光、化学抛光、电化学抛光等方式。

脱脂除油：除掉工件表面油脂有有机溶剂除油、化学除油、电化学除油、擦拭除油、滚筒除油等手段。

酸洗：除掉工件表面锈和氧化膜，有化学酸洗和电化学酸洗。

电镀：在工件表面得到所需镀层，是电镀加工的核心工序，此工序工艺的优劣直接影响到镀层的各种性能。

电镀铬这项传统的表面技术，长期以来被广泛应用于传统工业的各个领域，起到防腐、耐磨、装饰等作用。但是随着现代工业的发展，对工件表面防护的技术要求逐渐提高，以及电镀铬自身存在许多问题无法解决，电镀铬技术变得越来越无法满足需求，许多新的表面防护技术相继出现用以替代电镀铬。

1.1.1 电镀铬技术的发展

有关镀铬的历史可以追溯到20世纪中叶，1854年法国的Rober Baoson教授首次从煮沸的氯化亚铬溶液中实现了铬电沉积。1856年德国的Gerther博士发表了第一篇关于从铬酸溶液中电镀铬的研究报告，从而掀起了六价铬电镀的研究高潮。电镀铬的工业化要归功于Fink和Scdwartz等人在1923—1924年间的工作。至今电镀铬工业已有了90多年历史并成为电镀工业必不可少的镀种之一[3-5]。

镀铬技术的发展经历了普通镀铬、复合镀铬和新型高效快速镀铬三个重要阶段，也就是人们所称的第一、第二、第三代镀铬工艺。第一代以单一硫酸作催化剂；第二代以混合型氟化物作催化剂；第三代以有机和无机阴离子的混合物作催化剂。

第一代镀铬工艺以硫酸作为催化剂，电镀液的成分为$CrO_3+H_2SO_4$。由于具有电镀液配方简单、稳定，成本低等特点，该工艺获得了最普遍的应用，但是该工艺存在许多突出的问题：

(1) 阴极电流效率很低，工业化生产中仅为12%～15%，生产时由于放出大量氢气和氧气，加上温度较高，产生了毒性很大的铬雾。

(2) 镀液的分散及覆盖能力差，如欲获得均匀的镀层，必须采取人工措施，如设计象形阳极或保护阴极。

(3) 镀铬生产对温度控制要求很高，如欲获得光亮镀层，不但要严格控制温度变化，电流密度也必须根据所用温度选定。

第二代镀铬工艺以混合型氟化物作为催化剂，在电镀液中加入了氟化物、溴化物、碘化物等。其中加入氟化物可以提高电流效率、覆盖及分散能力，但含氟化物的镀液在低电流区对工件腐蚀比较严重，目前比较先进的镀硬铬工艺都不含氟化物。

第三代镀铬工艺以有机和无机阴离子的混合物作为催化剂，在电镀液中加入了卤化有机二酸，有机磺酸等。如添加溴化丁二酸、溴化丙二酸，可以提高镀液的分散及覆盖能力，电解液即使在高温、高电流密度下电解，有机物也不会被氧化；添加有机磺酸以较高的电流效率（大于22%）获得了结合力良好的光亮镀层，并避免了低电流腐蚀问题。但是该工艺存在成本较高、工艺较复杂等局限。

这三代电镀铬技术都无法避免的使用了六价铬，在电镀过程中以及电镀后所产生的废水、废气都是公认的有毒物质，对环境及人体会造成严重的危害。于是三价铬电镀工艺得到了研发和应用。三价铬电镀的明显优势表现为低的环境污染问题以及较好的分散和覆盖能力，但三价铬工艺至今仍存在一些致命的不足，表现为镀液的稳定性不好，成分复杂，分析监控困难，镀层的质量及外观较差，特别是三价铬电镀层厚度一般仅为3～4μm，只能用于装饰镀铬。并且三价铬在电镀过程中以及电镀完成后，很容易被氧化生成六价铬，仍然存在污染环境的危害[6-10]。

1.1.2 电镀铬技术存在的问题及其替代技术

随着现代工业的发展，对机械零部件表面性能的技术要求不断提高，同时对生态环境保护也越加重视，虽然电镀铬技术也在不断发展，但至今已越来越表现出无法满足使用需求，与现代工业的要求无法匹配。究其原因，是由于电镀铬技术存在以下的许多关键问题：

（1）电镀铬过程中会产生大量含有 Cr^{6+} 的有毒废气和废水，这会导致严重的环境污染问题，现在各国对镀铬技术的管制越来越严格，如美国、加拿大等国已明文禁止使用六价铬的电镀技术，我国也在颁布的《重金属污染综合防治“十二五”规划》中明确指出，Cr 为重点防控污染物，电镀为重点治理行业。

（2）电镀铬技术本身也存在一些缺陷：

1）镀铬层内存在微裂纹及“氢脆”现象，不可避免地会产生穿透性裂纹，导致腐蚀介质从表面渗透至界面而腐蚀基体，造成镀层表面出现锈斑，甚至剥落。

2）电镀工艺沉积速度慢，约为 25μm/h，如果要镀 300～500μm 厚的镀层往往需要十几至二十小时的时间，因此不适用于厚镀层。并且当镀层厚度超过 100μm 时，镀层容易开裂甚至出现剥落，同时加工成本会大幅提高。

3）电镀铬层的硬度较低，哪怕是硬铬镀层的硬度一般为 HV800～HV900，远不及一些陶瓷和金属陶瓷材料，而且硬铬镀层的硬度在温度升高时会因其内应力的释放而迅速降低，其工作温度只能低于 427℃，因此难以适应现代机械高温、高速的工作要求。

4）电镀铬层由于镀层厚度较薄，硬度较低、并且存在微裂纹等不足，导致电镀铬层的耐磨粒磨损性能较差，如启闭机活塞杆等，在使用过程中由于沙子等杂质的摩擦，导致局部磨损，腐蚀介质进入基体，进而导致镀层剥落。

5）电镀铬层的防护寿命较短，无法达到许多机械设备的设计寿命，会带来频繁的检修，导致大量的资源及财力的浪费，严重的甚至会导致工程事故，如镀铬启闭机活塞杆表面发生锈蚀、镀铬剥落后，导致卡死，闸门无法开启。

因此，许多新技术被研究用以替代电镀铬技术，如热喷涂、PVCD、激光熔覆等。其中 PVCD 技术可以在工件表面制备高性能的防护镀层，但受到其加工原理的限制，无法处理大型的工件，一般只能处理 1.5m 以内的工件，另外该工艺的加工成本较高，无法大范围推广应用；激光熔覆技术由于其工艺复杂，设备及加工成本较高，并且容易产生热变形等不足，也无法完全替代电镀铬技术。而近年来迅速发展起来的热喷涂技术，具有无污染，加工效率高、加工工序简单、涂层品种丰富、涂层具有高性能及高使用寿命、对工件的形状无要求、能现场对大型部件进行加工等特点，被认为最有可能可以用来替代电镀铬技术，并且可能实现电镀铬技术的全面替代。我们研究发现通过该技术制备的防护涂层，其使用寿命较电镀铬层可以提高 3～8 倍，大幅降低了设备的检修、维护周期，保证设备运行的稳定性[11-13]。

1.2 热喷涂技术的发展和应用

热喷涂技术是利用热源将喷涂材料加热至熔融或半熔融状态，并以一定的速度喷射沉积到经过预处理的基体表面形成涂层的方法。热喷涂技术在普通材料的表面上，再制造一个特殊的工作表面即涂层，使其达到：防腐、耐磨、减摩、抗高温、抗氧化、隔热、绝缘、导电、防微波辐射等功能，使其达到提供材料表面性能、延长设备寿命，节约材料，节约能源的目的。热喷涂技术是表面工程技术的重要组成部分之一，约占表面工程技术的1/3。

根据热源不同，热喷涂技术方法之间存在一定的差异，但喷涂过程形成涂层的原理和涂层结构基本一致。热喷涂形成的过程一般经历4个阶段：加热融化阶段、雾化阶段、飞行阶段、碰撞沉积阶段。

1. 加热融化阶段

当涂层材料为线材时，喷涂过程中，线材的端部连续不断地进入热源高温区被加热熔融，形成熔滴；当喷涂材料为粉末时，粉末材料直接进入高温区，在进行的过程中被加热至熔融或半熔融状态。

2. 雾化阶段

线材在喷涂过程中被热熔融成溶滴，在外加压缩气流或热源自身气流动力的作用下，将线材端部溶滴雾化成微细溶粒并加速粒子的飞行速度；当涂层材料为粉末时，粉末材料被加热到足够高温度，超过材料的熔点形成溶滴时，在高速气流的作用下，雾化破碎成更细微粒并加速飞行速度。

3. 飞行阶段

加热熔融或半熔融状态的粒子在外加压缩气流或热源自身气流动力的作用下被加速飞行。

4. 碰撞沉积阶段

具有一定温度和速度的粒子在接触基体材料的瞬间，以一定得动力冲击基体材料表面，产生强烈的碰撞。在碰撞基体材料的瞬间，喷涂粒子的动力转化为热能并传递给基体材料，在凹凸不平的基体材料表面产生形变，由于热传递作用，变形粒子速度冷凝并伴随着体积收缩，其中大部分粒子呈扁平状牢固地黏结在基体材料表面上，而另一小部分碰撞后经基体反弹而离开基体表面。随着喷涂粒子束不断地冲击碰撞基体表面，碰撞——变形——冷凝收缩——填充连续进行。变形粒子在基体材料表面上，以颗粒与颗粒之间相互交错叠加地粘贴在一起，而最终形成涂层。见图1.2。

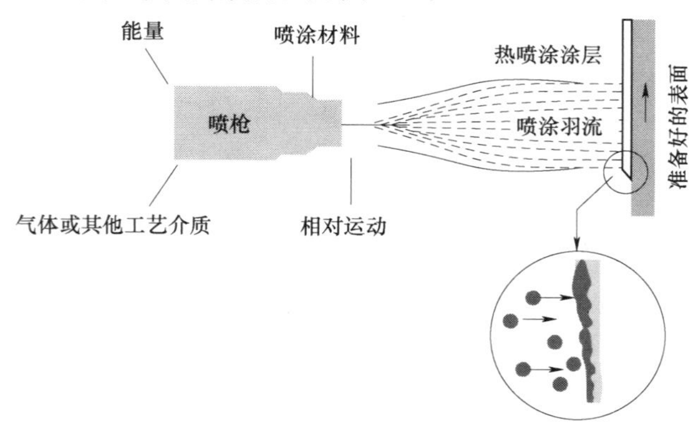

图1.2　热喷涂过程示意图

按照热源的不同，可以将热喷涂技术大致分为以下几类：超音速火焰热喷涂技术、等离子热喷涂技术及电弧热喷涂技术等，其整个发展过程主要经历了3个阶段。

1. 热喷涂技术发展的初期阶段

热喷涂技术可以追溯到20世纪初，最初的热喷涂雾化装置是由瑞士的Max Ulrich Schoop博士在1908年发明的，并进行了钢基体上喷涂铅、锌等保护性涂层试验。这种装置是通过加热的压缩空气将熔融的低熔点金属雾化和喷射沉积于基体表面而形成涂层。虽然该装置存在结构庞大且效率低等缺点，但却具有开创性的意义。其后，M. U. Schoop继续改进了热喷涂装置，于1909年获得用火焰燃烧工艺熔融金属线材喷涂到基体材料上的专利，1911年又获得了一项以电弧为热源的热喷涂专利，从此热喷涂技术正式诞生。到1912年，Schoop制造出世界上首台丝材火焰喷枪，1916年又研制成功了电弧喷枪，使热喷涂技术得到实际应用。在瑞士热喷涂技术的基础上，日本人于1920年发明了交流电弧热喷涂装置，但因不稳定和效率低等原因而未获得实际应用。之后德国人改用直流电源，才使电弧喷涂具有实用价值。

20世纪30—40年代，以线材、粉末火焰喷涂和电弧喷涂为主要方法的热喷涂技术经历了初期发展，走上了工业应用的轨道。各发达国家相继成立了热喷涂的专业公司，并研究开发出各种喷枪，取得了很大的进展。如美国Metco金属喷涂公司1938年研制成功了空气涡轮送丝和电动机送丝的电弧丝材喷枪及其后的粉末氧-乙炔火焰喷枪。英国研制出了Schoet粉末火焰喷枪等。初期阶段的热喷涂技术主要用于装饰涂层、钢结构防腐涂层及机械部件的简单修复。

2. 热喷涂技术的高速发展阶段

从20世纪50年代开始，热喷涂技术有了高速的发展。1953年，德国研制出自熔性合金粉，标志着喷涂材料和涂层性能发展的重大突破，使得粉末喷涂材料从低熔点、低耐磨性的单金属发展为高熔点、高耐磨性的合金材料，热喷涂技术的应用也开创了新的领域。50年代后期，由于航空、航天等尖端技术的需求，引发了热喷涂技术的新发展。同时，美国Union Carbide公司发明了气体爆炸喷涂（D-GUN），制备出碳化物涂层和氧化物陶瓷涂层并应用于航空工业。其后，美国Plasmadyne公司和Metco公司先后开发了等离子喷涂技术，研制出等离子喷涂设备和成套工艺技术。这些发展解决了陶瓷材料和难熔金属的喷涂问题，显著提高了热喷涂涂层的质量，开拓了特殊功能涂层应用的新领域。至此，热喷涂设备、涂层材料和喷涂工艺也形成了体系，使得60年代开始热喷涂技术在工业上获得了广泛应用。

20世纪70年代以后，热喷涂技术更加迅速地向高能、高速、高效的方向发展，新的喷涂方法和工艺、设备、新涂层才等不断涌现。在设备技术方面，美国Metco公司研制的高能等离子喷涂、低压和真空等离子喷涂和燃气高速火焰喷涂设备；Stellite公司高速火焰喷涂设备；TAFA公司的电弧喷涂和高能、高速等离子喷涂设备、燃油高速火焰喷涂设备；捷克的水稳等离子喷涂成套技术；加拿大North-west Mettech公司和美国Metco公司研制成功的三阴极轴向送粉等离子喷涂系统和美国Unique Coat公司推出的高速活性燃气喷涂（HVAF）设备；俄罗斯的活性高速电弧喷涂技术等，都相继面世。这些热喷涂新设备、新技术的应用相互补充，新的涂层材料不断开发，是热喷涂的涂层性能不断提高，应用范围不断扩大[14-15]。

3. 现代热喷涂技术的发展和应用阶段

从20世纪80年代开始，现代先进技术（计算机技术、电子技术、自动化技术、机器人技术、现代测试技术等）不断与热喷涂技术进行交叉及融合，逐渐形成了现代热喷涂工业体系。热喷涂技术逐渐发展成为标准的几大类：超音速火焰热喷涂技术、等离子热喷涂技术、电弧热喷涂技术、爆炸热喷涂技术等，并且热喷涂设备也逐渐趋于标准化，每一类的热喷涂技术都有相应的稳定、可靠的设备。其中按照燃料、火焰速度等的不同由热喷涂技术和设备有一定的细分：

（1）超音速火焰喷涂技术及设备

超音速火焰热喷涂技术按照燃料及助燃剂的不同，可以分为：燃气（燃料为丙烷、乙炔等气体，助燃剂为氧气）超音速热喷涂技术，典型设备有美国Metco公司的DJ2700等；燃油（燃料为航空煤油、助燃剂为氧气）超音速热喷涂技术，该技术通过燃料的改变使得火焰速度获得了大幅的提高，有利于提高涂层质量，典型设备有美国TAFA公司的JP5000、JP8000及荷兰FST公司的HV50等；大气（燃料为丙烷、氢气等，助燃剂为压缩空气）超音速火焰喷涂技术，该技术采用压缩空气作为助燃剂大幅降低了设备的运行成本，并且在保证火焰速度的基础上大幅降低了火焰的温度，减少氧化有利于涂层质量，典型设备有美国Uniquecoat公司的M3－HVAF及美国Kermetico公司的AcuKote－HVAF等。

（2）等离子热喷涂技术及设备

等离子热喷涂技术按照粒子速度、阴极数量等的不同，可以分为：常规等离子热喷涂技术，典型设备有美国Metco公司的9M等；三阴极等离子热喷涂技术，该技术大幅提高了喷涂功率，有利于提高涂层质量，典型设备有美国Metco公司的TriplexII等；高能等离子热喷涂技术，该技术大幅提高了喷涂功率及粒子速度，有利于涂层质量的提高，典型设备有水利部杭州机械设计研究所在美国Progressive Surface公司产品的基础上开发了STR100超音速等离子喷涂系统（焰流速度达到6马赫，粒子速度高于600m/s），申请了有关发明专利，目前不对外销售。

（3）电弧热喷涂技术及设备

电弧热喷涂技术按照粒子速度等的不同，可以分为：高速电弧热喷涂技术，典型设备有美国TAFA公司的9935等；超音速电弧热喷涂技术，该技术在高速电弧的基础上进一步提高了粒子速度，典型设备有水利部杭州机械设计研究所研制成功的STR-HVARC等，申请了有关发明专利，目前不对外销售。

经过近十几年来的不断发展，热喷涂技术已在越来越多的领域获得应用，展现出了巨大的技术价值，并在许多领域逐渐替代了电镀、刷漆、刷涂环氧树脂、堆焊等传统的技术，如启闭机活塞杆、拉丝机叶轮、印刷辊、瓦楞辊等机械部件，有效提高了这些机械部件的表面性能，大幅延长了使用寿命，实现了节能减排、环境保护等作用[16-17]。

1.2.1 超音速火焰热喷涂技术

1. 超音速火焰热喷涂技术的原理及特点

超音速火焰喷涂技术是将燃料与高压助燃气体混合后在特定的燃烧室或喷嘴中燃烧，

产生的高温、高速的燃烧焰流对粉末材料进行高温熔化及加送，高速的熔融粒子冲击到基体表面形成涂层。

由于燃烧火焰的速度是音速的数倍，目视可见焰流中明亮的“马赫节”，“马赫节”的数量可以直观的反应焰流及粒子的速度，其中焰流的温度和速度是决定涂层质量的重要因素，高的焰流速度可以获得高的粒子速度，使粒子以较高的能量冲击到基体表面，可以获得更加致密的涂层结构以及高的结合强度，并且较高的粒子速度可以有效地减少粒子飞行的时间，进而减少粒子被氧化；焰流的高温用来对粒子进行加热使其成为熔融状态，低的焰流温度会导致粒子熔化程度差，存在生粉夹杂等情况，影响涂层质量，焰流温度过高，则会导致涂层被过度的氧化，同样影响涂层质量[18-20]。

超音速火焰热喷涂技术具有以下特点：

(1) 从燃烧室产生的高速气流，以数倍马赫的高速通过一定长度的枪管冲出枪外，粉末在枪管中被熔化及加速，形成高速的射流，沉积到工件表面可以形成致密、高结合强度的涂层。

(2) 超音速火焰热喷涂涂层的孔隙率极低，一般为1%以下，结合强度极高。

(3) 能适用于大部分的基材及粉末，对基材的形状无特殊的要求。特别是能制备超硬高耐磨的高性能硬质合金涂层，可以大幅提高基材的耐磨性能几十甚至上百倍。

2. 超音速火焰热喷涂技术的发展

以丙烷、乙炔、煤油等作为燃料，以高压氧气作为阻燃剂的超音速火焰喷涂技术称为：氧燃料超音速火焰喷涂技术，即 HVOF (High Velocity Oxy-Fuel Spray)。采用氧气和燃料的混合燃烧可以产生高温、高速的焰流，使金属粒子获得巨大的动能。

早期的 HVOF 喷涂技术主要以丙烷、乙炔、氢气等燃气作为燃料，以高压氧气作为助燃气体。气体燃料安全性相对较差，给生产带来不便，喷枪燃烧室的压力较低，研制了焰流的速度。比较典型的系统有美国 Sulzer Metco 公司的 DJ 喷涂系统，采用丙烷作为燃料、氧气作为助燃剂，获得粒子速度为 300～450m/s。此类技术存在功率小、粒子速度低、涂层的性能不足等问题。见图 1.3。

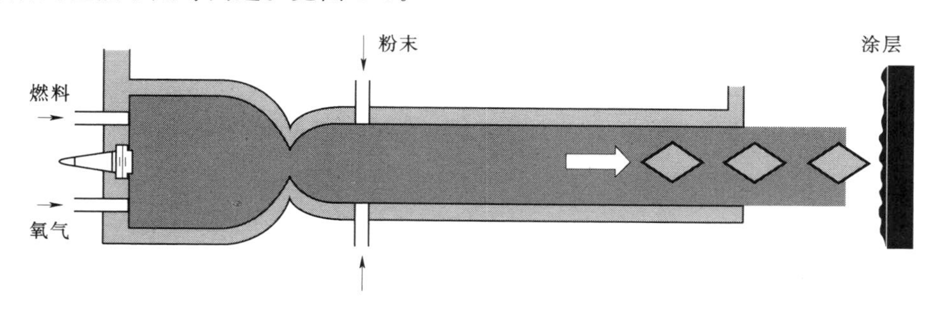

图 1.3　HVOF 喷涂原理示意图

基于对上述问题以及火焰温度、速度、粒子速度以及喷涂功率等的考虑，超音速火焰热喷涂技术的燃料从丙烷等燃气逐渐发展为航空煤油等液体燃料，使得火焰速度、粒子速度及喷涂功率都有了大幅的提高，涂层的性能显著改善。比较典型的超音速氧-煤油火焰喷涂系统，主要有美国 TAFA 公司的 JP5000 喷涂系统，粒子速度提高到了 600～800m/s。

荷兰FST公司在JP5000的基础上，研发了新型的HV50喷涂系统，该喷涂系统的焰流速度有了较大幅度的提高。

水利部杭州机械设计研究所开展了深入的研究，通过大量的正交试验对工艺参数等进行了全面优化，获得稳定、优良的焰流温度及速度等，在焰流中可以清晰地看到11个“马赫节”。

通过粒子图像测速仪对焰流及粒子进行测试分析如图1.4～图1.6所示，焰流在喷枪出口端部的速度为3700m/s，从喷枪出口喷出后速度不断降低，到达工件表面时速度为2400m/s。金属粒子经过高速焰流加速后速度升高到1750m/s，到达工件表面时速度有所下降，仍达到1550m/s。焰流的温度为2200～2600℃，经过焰流的高温加热后，粒子的温度最高为1800℃，到达工件表面时下降到1300℃。

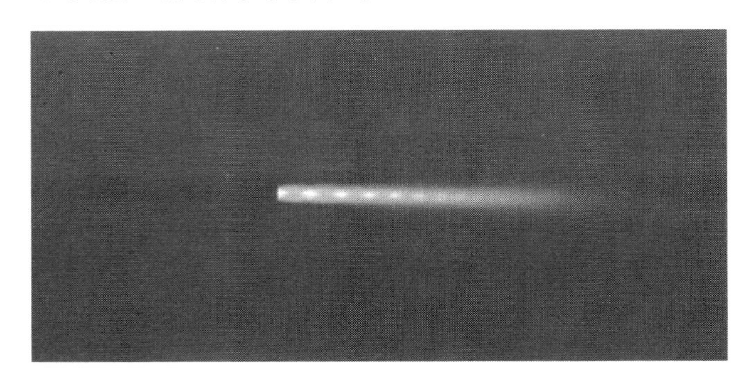

图1.4　STR50超音速喷涂系统焰流

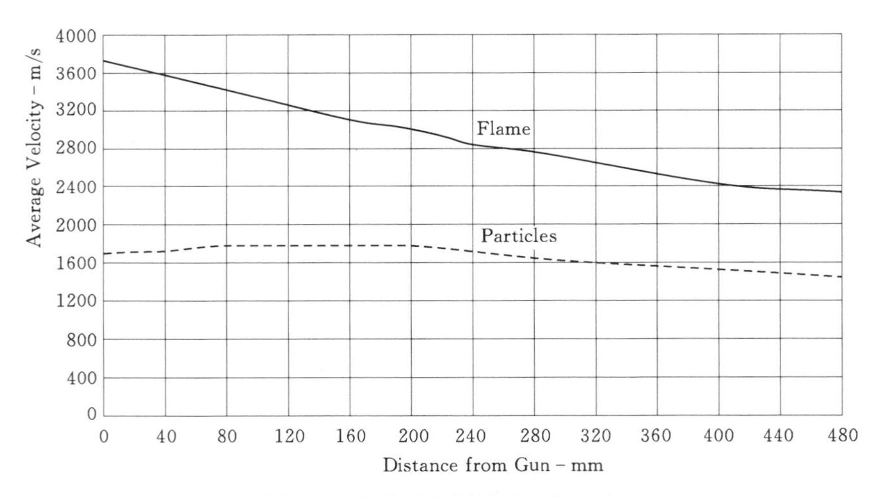

图1.5　焰流及金属粒子飞行速度

通过该STR50超音速火焰热喷涂技术可以制备出高性能的耐磨、耐腐蚀WC系涂层，涂层的孔隙率小于0.3%，结合强度高于75MPa。水利杭州机械设计研究所经过大量试验，最近研发获得的WC类涂层结合力达到了146MPa，并经过多次试验论证。产生这么高的结合力，作者也在研究这到底是什么原因导致这么高的结合力。当然，目前关于涂层结合力的说法也有多种：有的说是机械结合，类似锯齿般咬合在一起；有的说是冶金结

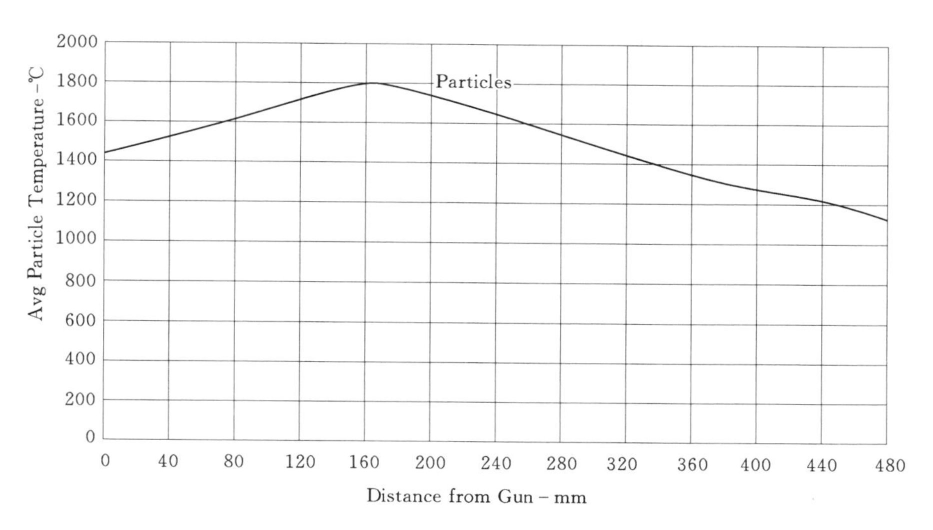

图 1.6 金属粒子飞行过程中的温度

合，类似焊接效果，达到原子结合；当然也有说法认为是前述两者的综合。最近，经过大量研讨，又有了新说法，认为是范德华力造成这么高的结合力。那么到底是原因？这点也是十分值得研究。

虽然氧-煤油超音速火焰热喷涂技术（HVOF）具有大功率、高焰流速度，可以制备性能优异的耐磨、耐蚀涂层。但该技术由于功率大等原因，对氧气这种助燃剂的消耗量较大，存在成本较高的问题，同时氧-煤油燃烧产生的焰流温度较高，会对粉末材料造成一定的氧化情况，不利于保持粉末原有的性能。基于此考虑，大气超音速火焰喷涂技术（HVAF）应运而生。

比较典型的大气超音速火焰喷涂（HVAF）系统，主要有美国 Kermetico 公司的 Acukote HVAF 喷涂系统。该系统的主燃料气体可选用丙烷或者丙烯。压缩空气和燃料的混合物通过多孔陶瓷片进入燃烧室，经由火花塞初始点燃混合气体后，该陶瓷片被加热到混合气体的燃点以上，然后持续点燃混合物（形成激发燃烧）。粉末轴向注入燃烧室，在燃烧室被加热，进入喷嘴后被加速，实现了粉末加热与加速段的分离，从而实现了粉末颗粒温度和速度的精确控制。高温高速的粒子撞击基体表面，形成涂层。见图 1.7、图 1.8。

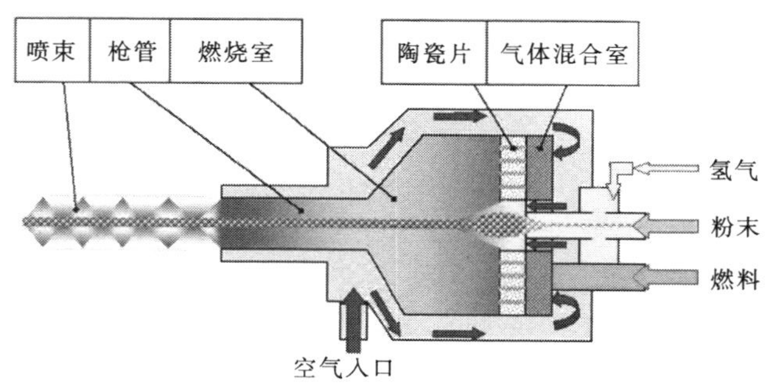

图 1.7 HVAF 喷枪原理示意图

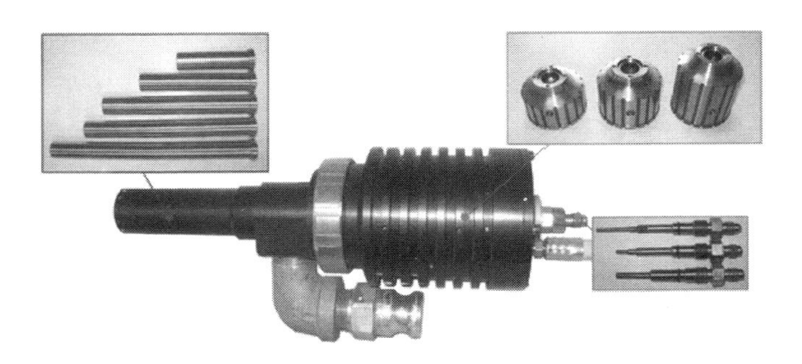

图 1.8 Acukote HVAF 喷枪结构图

采用该喷涂系统时，粒子速度可达 1350m/s，达到基体时下降到 1000m/s，略低于 HVOF 喷涂系统；而粒子温度可以降低到 1200℃以下。因此，针对 WC 等粉末可以制备出高性能的涂层，涂层结合强度、孔隙率等性能与 HVOF 接近，并且氧化的情况有了很好的改善，同时也大幅降低了成本。目前，在一些需要喷涂 WC 硬质合金的工件已有了一定的应用，该技术也将有较广泛的应用前景。

3. 超音速火焰热喷涂技术的应用

超音速火焰热喷涂技术进入工业应用以来，其应用范围在持续扩展中，目前在国内外已应用到各个领域，如水利水电、石油化工、机械、印刷、航空航天、冶金等。

(1) 耐磨蚀涂层

水力机械过流部件，如转轮、抗磨板等，在运行过程中会受到泥沙、水流等的磨蚀侵害，特别是黄河等高泥沙含量的流域，过流部件的使用寿命一般为 0.5～1 年，造成频繁停机检修以及更换，每年会带来巨大的经济损失。采用超音速火焰热喷涂技术可以在这些过流部件表面制备高性能防护涂层，如 WC-CoCr 复合涂层，其孔隙率＜1%，结合强度＞70MPa，耐磨蚀性能较基材可以提高 3～5 倍，可以大幅延长水利机械过流部件的使用寿命。

(2) 超硬耐磨涂层

瓦楞辊、造纸刮刀等机械部件，在使用的过程中会受到石块、杂质等的磨损以及环境的腐蚀。通过超音速火焰热喷涂技术可以在其表面制备高性能的硬质合金层，如 WC、Cr_2C_3 等，可以显著提高产品的使用性能和寿命。目前，超音速火焰热喷涂技术已广泛应用于此类工件，也成为了必不可少的一道工序。

(3) 耐磨耐腐蚀涂层

如 Co 基、Ni 基的合金涂层都具有优良的耐腐蚀性能，并且适用于高温的环境中，通过超音速火焰喷涂技术，可以对化工、石油等行业的钢结构部件进行良好的耐磨、防腐保护。

1.2.2 等离子热喷涂技术

1. 等离子热喷涂技术的原理及特点

等离子喷涂技术是采用非转移型等离子弧为热源，喷涂材料为粉末的热喷涂方法。随着离子喷涂技术的发展，目前已开发出大气等离子喷涂、可控气氛等离子喷涂、溶液等离子喷涂等喷涂技术，等离子喷涂已成为热喷涂技术中最重要的一项工艺方法。

一般等离子热喷涂技术都指的是大气等离子喷涂，采用压缩电弧作为热源，工作气体为 Ar 或 N_2，再加入质量分数为 5%～10%的 H_2。工作气体进入电极腔的弧状区后，被压缩电弧加热离解成等离子体，其中心温度高达 10000K 以上，同时经孔道高压压缩后呈告诉等离子射流喷出。送粉气将粉末从喷嘴内（内送粉）或外（外送粉）送入等离子射流中，被加热到熔融或半熔融状态，并被等离子射流加速，以一定速度喷射到经预处理的基体表面形成涂层。常用的等离子气体有氩气、氢气、氦气、氮气或它们的混合物。见图 1.9。

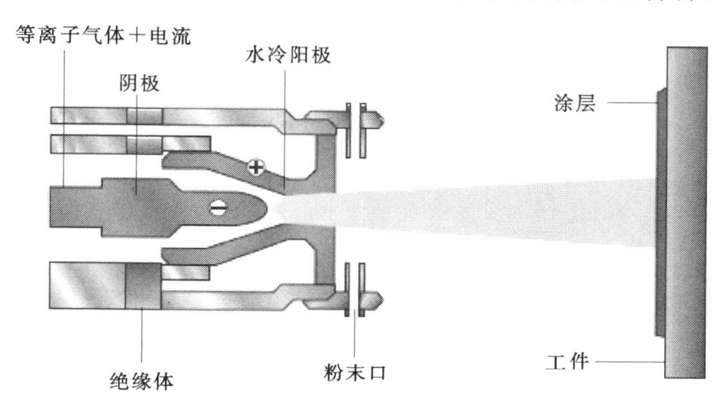

图 1.9 等离子热喷涂原理示意图

等离子热喷涂技术与超音速热喷涂技术相比，其焰流温度非常高，喷嘴出口温度可达 5000℃，但速度较低约为 800m/s，并且由于没有拉瓦尔喷管及枪管的加速作用，金属粒子只能获得较低的速度，常规等离子喷涂技术的粒子速度仅为为 200m/s 左右。

等离子喷涂技术由于其火焰温度极高可以适用于氧化物陶瓷、碳化物陶瓷等高熔点材料的喷涂，这些陶瓷材料一般无法通过超音速火焰喷涂技术来制备涂层。由于等离子喷涂技术的功率低（40～60kW）、粒子速度低（150～250m/s），所制备涂层的结合强度（约 30～40MPa）、孔隙率（一般 2%～5%）、耐磨性能、致密性等性能远低于超音速热喷涂，但这些陶瓷涂层具有高耐腐蚀性能、耐高温、隔热等特殊性能，可以应用于许多特殊的领域，如航空航天、冶金、化工等[21-24]。

等离子喷涂技术具有以下特点：

（1）可以获得各种性能的涂层。等离子喷涂的焰流温度很高，热量集中，能融化一切高熔点和高硬度的粉末材料，可以根据工件表面性能要求制备各种性能不同的涂层，如耐磨、耐热、耐腐蚀、隔热和绝缘涂层等。

（2）喷涂涂层组织结构致密，结合强度较高。由于等离子弧能量集中，焰流喷射速度高，能使粉末获得较大动能和较高温度，因此能获得致密度高、与基体结合性能良好的涂层。

（3）喷涂涂层平整、光滑，可精确控制。由于喷涂后的涂层平整、光滑、期厚度可精确控制，因此切削加工涂层时可直接采用精加工工序。

（4）等离子喷涂可获得氧化物含量少、杂质少、较纯洁的涂层。采用还原性气体（H_2）和惰性气体（Ar）作为工作气体，能可靠的保护工件表面和粉末不受氧化，适宜于喷涂易氧化的活性粉末材料，并且能够获得较纯洁的涂层。

(5) 喷涂时工件热变形影响小，无组织变化。在等离子喷涂过程中，工件表面不带电，不熔化，加之粉末的喷射速度高，工件与喷枪的相对移动速度快，因此工件的热变形影响小，无组织结构变化。

(6) 喷涂效率高。由于等离子喷涂的粉末具有高温、高速的特点，所以粉末的沉积率较高。采用高能等离子喷涂设备时，每小时可喷涂粉末高达8kg。

2. 等离子热喷涂技术的发展

虽然等离子喷涂涂层的结合强度、孔隙率等性能有所不足，但该技术也是其他热喷涂技术所无法替代的，因此需要对传统的等离子喷涂技术加以优化和改进。国内外的主要研究方向是：大功率、高粒子速度以及高生产效率。通过这些方面的改进，可以改进涂层的性能，如降低孔隙率、提高结合强度等。目前，国内外在等离子技术的改进方面已取得了一定的进展。

(1) 送粉方式及功率的提高

传统等离子喷涂的粉末送入方式分为枪外送粉（简称外送粉）和通过阳极喷嘴注入粉末的枪内送粉（简称内送粉）两大类。粉末在送粉气流的输送下，沿垂直于射流或以一定的倾斜角送入射流中，粒子在射流中的运动轨迹在很大程度上取决于它的初速度、粒子直径和粉末材料密度。由于粉末颗粒尺寸不可避免地有一定的分散性，加上等离子射流沿径向高达4000K/mm的温度梯度和300 • S^{-1} • mm^{-1}的速度梯度，使得粉末颗粒难以全部进入射流的高温区域。细小的颗粒只能在射流边缘的低温区域加热，而尺寸较大的颗粒则可能会穿越射流，也不能得到充分的加热，在涂层中形成未熔颗粒，从而影响涂层质量。只有喷涂粉末送入射流高温区域，才能获得足够长的加热加速时间，粉末粒子才能得到有效的加热和充分熔化[25-27]。

等离子喷涂过程中，最理想控制粉末运动轨迹的方法是将粉末沿轴向送入等离子射流中。由于粒子和射流轴线保持一致，粒子能够在相对较长的距离上实现如热加速，避免了热泳效应的不利影响（所调热泳效应是指细颗粒在高温介质中受到负温度梯度方向的力，这意味着颗粒直径越小，温度梯度越大，颗粒就越不容易送入射流高温区）。同时，粉末沿射流轴向送入，还可以加强射流对粒子的保护效果，降低粒子的氧化，即使喷涂不同密度的混合粉末，由于粒子运动轨迹一致，涂层成分也具有较好的均匀性[22]。

自20世纪80年代以来，国内外从事热喷涂研究的学者先后从改进等离子喷枪送粉方式入手进行了等离子喷枪结构设计，多阴极结构和空心阴极结构轴向送粉等离子喷枪也相继开发。例如，20世纪90年代末，Sulzer Metco公司和Mettech公司先后研制成功了三阴极轴向送粉等离子喷枪（TriplexII和AxialIII）喷枪如图1.10所示。喷枪由三对轴对称分布的电极构成，三束等离子射流在汇流腔内汇聚成一束主等离子流，形成空心管状射流从喷嘴喷出，粉末沿喷枪轴向送进，为使汇聚的射流有足够的热焓，该喷枪功率高达150kW，空载电压高达400V，可有效提高等离子射流的挺直度[28-29]。

三阴极轴向送粉等离子喷枪的优点是：

①将原来单阴极的单电弧分为三个电弧，降低了喷嘴及阴极因过热而烧损的可能性，延长了喷嘴及阴极的寿命；②由于三根阴极各自离阳极都处于偏位置有一个最短的距离，

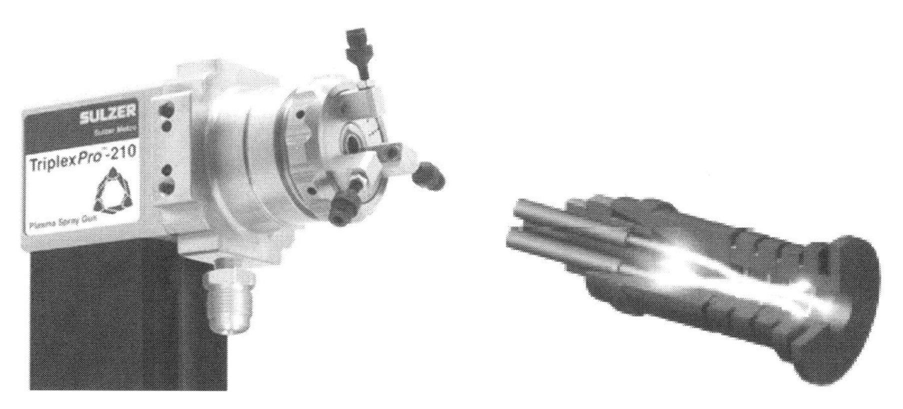

图 1.10 Triplex 三阴极轴向送粉等离子喷枪图

根据“最小的焓要求最小的弧长”的原理，每个阴极尖端只有一个与阳极对应的弧根，解决了阳极弧根的周向运动及轴向运动，保持了电弧的稳定性；③为避免送粉气流对电弧稳定性的影响，采用了喷枪中心轴向送粉方式。这样可使粉末的沉积效率大大提高，喷涂同样面积及厚度的涂层与常规等离子喷涂相比仅需一半的时间，可见其效率很高，对于大型工件或大批量部件的喷涂其优越性更加突出。由于电弧稳定，噪音比常规等离子喷涂的120dB低，仅为90dB左右[30-31]。

（2）电弧功率的提高和特殊喷枪结构设计

高能等离子喷涂是为满足陶瓷材料对涂层密度和结合强度以及喷涂效率的更高需求而开发的一种高能、高速的等离子喷涂技术。在电弧电流与普通大气等离子喷涂相当的条件下，可利用较高工作电压（可达几百伏）提高功率，并采用更大的气体流量来提高射流的流速（马赫数 Ma>5）。如水利部杭州机械设计研究所在美国 Progressive Surface 公司产品的基础上开发了 STR100 超音速等离子喷涂系统，实现了 100kW 以上的大功率等离子喷涂，粒子速度高达 600m/s，焰流清晰可见 6 个马赫锥。见图 1.11。

图 1.11 超音速等离子热喷涂示意图

通过该超音速等离子喷涂技术可以获得致密、高结合强度的陶瓷涂层。通过测试分析，WC类涂层可达到这样的指标，涂层的孔隙率低于1%，结合强度高达75MPa。较常规等离子喷涂技术有了大幅提高，可以显著提高陶瓷涂层的使用性能及使用寿命，具有广泛的应用前景。

3. 等离子热喷涂技术的应用

等离子喷涂涂层的应用几乎覆盖所有工业领域，成为制备各种功能涂层的先进工艺方法之一，可以制备耐磨涂层、热障涂层、纳米涂层、生物涂层，以及磁性、导电、绝缘、超导、红外线辐射、太阳能吸收等各类功能涂层。在机械制造、航空工业、火箭技术、原子能、冶金、造船、交通、微电子、无线电、新能源材料、复合材料等领域有着广泛应用。

(1) 耐磨涂层

等离子喷涂陶瓷和金属陶瓷涂层，不仅可以使零部件具有高的硬度，优异的耐磨性，而且涂层摩擦系数小，能耗低，在机械、航空等领域应用广泛。喷涂材料一般选用Al_2O_3、Cr_2O_3、TiO_2等陶瓷粉末。减小磨损的另一个途径是减小相互接触表面的摩擦系数。等离子喷涂铝及铝合金复合材料涂层，有优异的抗粘着磨损能力同时，由于喷涂工艺的要求，可使涂层结合强度高，孔隙率低，质量优异且稳定，并且在相同的工况下，摩擦系数从原来的0.11下降到0.089，显示出喷铝涂层在润滑条件下，具有良好的抗咬合性，并能承受瞬时的摩擦高温，是目前理想的活塞环涂层[32-33]。

(2) 热障涂层（TBC）

TBC广泛应用于航空发动机、燃气轮机等高温工作条下热屏蔽涂层，其厚度一般小于1mm。TBC硬度高、化学稳定性好，可显著降低基材温度，提高发动机效率，减少燃油消耗，延长其使用寿命。典型的TBC由金属结合层和陶瓷层组成。金属结合层多采用MCrAIY（M为Ni、Co或Ni+Co），主要作用是在底层与面层之间提供一个黏结层，同时保护基体不受氧化、腐蚀。TBC的陶瓷层多为加入部分Y_2O_3作为稳定剂的ZrO_2涂层。它的热膨胀系数与金属基体匹配性好，热导率很低，涂层坚硬致密，抗高温燃气冲蚀和抗热震性能优异，即使在1650℃环境下长期使用，其热稳定性和化学稳定性依然很好[32]。

(3) 防腐蚀涂层

选择这类涂层比较复杂，因为零件的服役状态、环境温度和各种介质对涂层材料都有一定的要求，一般采用钴基合金、镍基合金和氧化物陶瓷等作为涂层材料，通过提高涂层的致密性，堵住腐蚀介质的渗透，合理匹配涂层材料与零件基材的氧化/还原电位，防止电化学腐蚀，常应用于耐化学腐蚀的液体泵等。

(4) 电绝缘与导电涂层

这类涂层具有一定的特性，按其性质可分为：导电涂层、电气绝缘涂层和电磁波屏蔽涂层。一般采用氧化铝陶瓷等作为介电涂层，常用于加热器管道，烙铁焊头等；采用铝、铜作为导电涂层，常用于电容器、避雷器等。

(5) 梯度功能涂层（FGM）

等离子喷涂制备梯度功能材料是目前材料学中备受关注的研究领域之一，其研究范围主要为梯度功能材料的设计制备和性能评价 3 个方面。由于等离子焰流温度高，特别适用于喷涂难熔金属、陶瓷和复合材料涂层，这就为功能梯度材料的发展提供了更广阔的空间。目前以 NiCrAlY 作为中间层向金属上涂覆 ZrO_2 涂层成为大多数等离子喷涂 FGM 结构研究的热点，已建立起很好的制备工艺。另外，已被研究的其他体系还包括：Cu/W 和 Cu/B_4C 与 $Al_2O_3-Cr_2O_3$ 结合的 Ni 基合金，具有 CoCrAlY 或 NiCoCrAlY 的 ZrO_2 涂层，具有 Mo 的 TiC 具有 YSZ 的涂层等。K. A. Khor 等人对 YSZ/NiCoCrAlY 体系的研究表明，与传统的双层材料相比，功能梯度涂层具有更优异的性能，得到的 FGM 的结合强度为 18MPa，双层涂层仅为 9MPa，而 FGM 的抗热循环寿命是双层涂层的 6 倍 Sudarshan Rangaraj 等设计了 5 种不同成分的 YSZ 梯度涂层，研究了涂层设计对 YSZ 涂层性能的影响，结果表明，莫来石（mullite）成分的添加会降低涂层表面裂纹生长驱动力[32-35]。

1.2.3 电弧热喷涂

1. 等离子热喷涂技术的原理及特点

电弧喷涂是利用两根连续送进的金属丝之间产生的电弧作热源来熔化金属，用高速气流把熔化的金属雾化，并对雾化的金属细滴加速使之喷向工件形成涂层的技术。

端部呈一定角度（30°～50°）的两根连续送进的金属丝，分别接直流电源（18～40V）的正负极，在金属丝端部短接的瞬间产生电弧，电弧使金属丝熔化，在电弧点的后方由喷嘴喷射出的高速空气流使熔化的金属雾化成颗粒，并在高速气流的加速下喷射到工件的表面。见图 1.12。

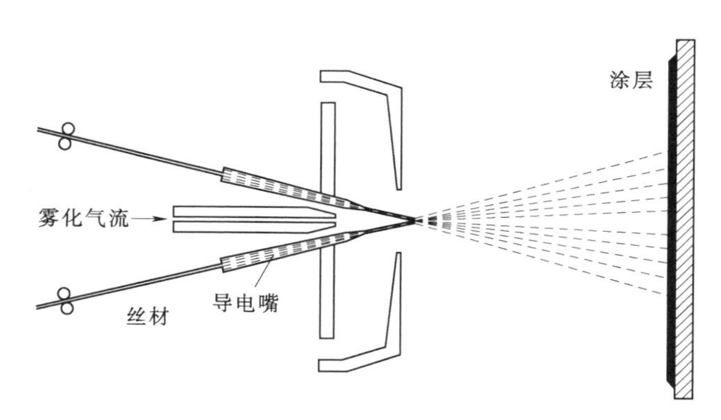

图 1.12 电弧热喷涂原理示意图

在电弧和雾化气流的作用下，两金属丝的端部频繁地进行着金属熔化-熔化金属脱离-熔滴雾化成微粒的过程。在每一过程中，极间距离频繁地发生变化，在电源电压保持恒定时，由于电流的自调节特性，电弧电流跟随发生频繁地波动，自动维持金属丝的熔化速度，电弧电流随送丝速度的增加而增加[36-37]。

电弧喷涂技术具有以下特点：

（1）喷涂效率高，该型电弧喷涂设备每小时可喷 10～30kg 丝材。

（2）较传统的电镀等技术，电弧喷涂技术具有涂层性能良好，无污染，可以灵活应用于现场施工等特点。

(3) 喷涂时工件不变形，由于以高压空气为动力，使工件在喷涂时受热很轻微，保证了工件在喷涂时不变形。

2. 电弧喷涂技术的发展

由于常规的电弧喷涂技术主要依靠压缩空气对金属粒子进行雾化和加速，并且粒子的雾化、加速发生在喷嘴口前端，粒子没有经过枪管、拉瓦尔管等的加速效应，因此只能获得较低的粒子速度，约为100～200m/s，同时粒子喷束较为发散，导致所制备的涂层无法实现超音速热喷涂涂层那样的高致密性、高结合强度，较等离子喷涂技术也有一定的差距。常规电弧喷涂涂层的孔隙率一般为5%～15%左右，结合强度仅为10～25MPa。并且电弧喷涂时，电弧温度高达3000℃，由电能转化的热能除了熔化送进的丝材外，仍有大量过剩，过剩的热能导致丝材在喷涂过程中过热，发生氧化，影响涂层质量，并由一部分丝材会被蒸发，形成烟尘而损失掉[38-39]。

虽然电弧喷涂技术的涂层性能有所不足，但由于该技术的性价比较高、并具有效率高、操作便捷、适合现场作业等特点，仍被广泛应用于锅炉、桥梁、闸门等大型钢结构件的表面耐腐蚀防护。

电弧喷涂技术是应用于现场工程施工不可或缺的表面处理技术，但是随着机械产品对表面性能的需求不断提高，在满足防腐蚀性能的同时，还要求具有良好的耐磨性能，并且对使用寿命的要求也不断提高，如锅炉四管的耐磨、耐腐蚀防护，从原先的1年使用寿命，提高到了4～5年。

仅依靠常规的电弧喷涂技术已无法实现这些机械产品对表面防护涂层提出的新要求，因此近年来国内外的研究机构开始研高速电弧喷涂技术，通过提高电弧喷涂时的粒子速度、减少涂层氧化等，来提高涂层的孔隙率、结合强度、耐磨性能、耐腐蚀性能等性能。

目前国内外对于该技术的研究已取得了一定的进展，许多新型电弧喷涂设备都实现了电弧喷涂粒子速度的大幅提高，达到300m/s，并有一些科研机构研发的新技术达到了800m/s，实现了真正的超音速电弧喷涂。如水利部杭州机械设计研究所申请的专利201510783442.2中介绍了一种新型超音速电弧喷涂装置，其喷枪结构示意图1.13所示。

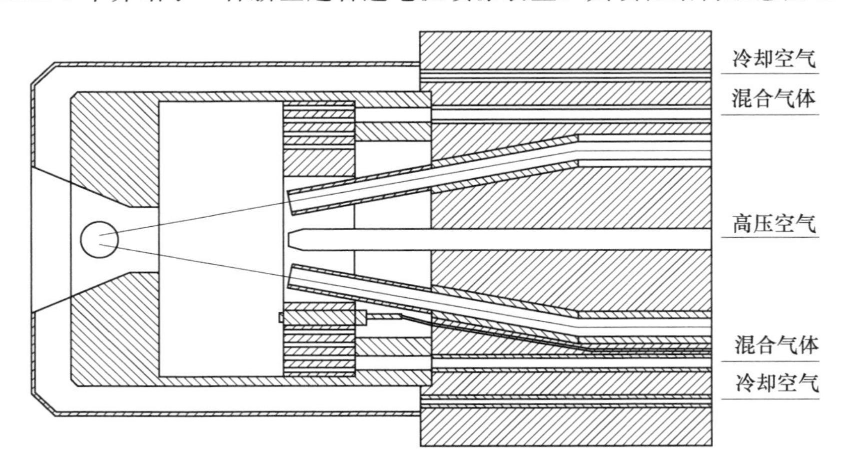

图1.13　一种超音速电弧喷枪示意图

该技术较常规电弧喷涂技术有了较大的改进，喷枪部分增加了一个环形的燃烧室，通过丙烷与压缩空气的混合气体在燃烧室进行充分燃烧，产生的高速射流将金属粒子进行均匀雾化，并加速到800m/s，冲击到工件表面形成涂层。通过该技术制备的FeCrNi复合涂层具有优异的性能，孔隙率<1%，结合强度达到60MPa，见图1.14。

图1.14　超音速电弧焰流示意图

3. 超音速电弧喷涂技术的应用

超音速电弧喷涂技术可以制备高结合强度、低孔隙率的高性能涂层，其表面粗糙度低，耐磨、耐蚀性能良好，可以被广泛应用于长效防腐、设备修复、产品表面耐磨强化等领域，如锅炉管壁、水工钢结构闸门、大型桥梁等。

参 考 文 献

[1] 关山，张琦，胡如南．电镀铬的最新发展［J］．材料保护，2000，33（3）：1-3.

[2] 赵黎云，钟丽萍，黄逢春．电镀铬添加剂的发展与展望［J］．电镀与精饰，2001，23（5）：9-12.

[3] 沈品华，钱宝梁．电镀铬新工艺［J］．腐蚀与防护，2002（7）：308-311.

[4] Frederick A. LoWenheim. Modern Electroplating，Third Edition［M］．NeW York：AWiley inter-science Publication，1974，99.

[5] 徐洪辉，罗振华．镀硬铬添加剂及应用工艺［J］．材料保护，1993，Z6（3）.

[6] 张允诚，胡如南，向荣，等．电镀手册［M］．第2版．北京：国防工业出版社，1997，363-409.

[7] 黄逢春，李建刚，武志韬．镀铬添加剂及镀铬工艺［J］．材料保护，1996，Z9（9）：14-16.

[8] 周克崧，朱进兵，刘敏，等．热喷涂技术替代电镀硬铬的研究进展［J］．材料保护，2002，35（12）：1-4.

[9] S. Surviliene，V. Jasulaitiene，O. Niviskiene，A. Cesunien. Effect of hydrazine and hydroxylamin-ophosphate on chronic plating from trivalent electrlytes［J］．Applied Surface Science，2007，1，1-6.

[10] El - Sharif M，Chisholm C. V. Electrodeposition of thick chromium coatings from all environmentally acceptable chromium glycine complex [J]. Trans IMF. 1999，77 (4)：139 - 144.

[11] 熊文英，刘钧泉，罗韦因．替代镀硬铬的几种新工艺 [J]. 电镀与装饰，2005，25 (4)：50 - 53.

[12] Startwell B D. Thermal spray coatings as alternative to hard chrome plating [J]. Welding，2000 (7)：39.

[13] 李家柱，林安，甘复兴．六价铬电镀替代技术研究现状及其应用 [J]. 表面工程资讯．2005，5 (21)：7 - 8.

[14] 黎樵燊，朱又春．金属表面热喷涂技术 [M]. 北京：化学工业出版社，1997. 363 - 409.

[15] 刘广海．我国热喷涂技术近期的新发展 [J]. 1990，(4)：61 - 64.

[16] 王永兵，等．热喷涂技术的发展和应用 [J]. 电镀与涂饰．2007，26 (7)：15 - 19.

[17] 徐滨士，等．热喷涂材料的应用和发展 [J]. 材料工程．2001，(12)：3 - 7.

[18] 饶琼，等．超音速喷涂技术及其应用 [J]. 热加工工艺．2004，(10)：3 - 7.

[19] 赵坚，陈小明，吴燕明，等．启闭机活塞杆表面超音速火焰喷涂 WC - 10Co - 4Cr 涂层的性能 [J]. 中国表面工程，2014，27 (3)：71 - 75.

[20] 吴燕明，赵坚，陈小明，等．超音速火焰喷涂纳米 WC 复合涂层与电镀铬层的微观结构及性能 [J]. 材料热处理学报，2015，36 (z1)：171 - 176.

[21] 李德元，赵文珍，董小强，等．等离子技术在材料加工中的应用 [M]. 北京：机械工业出版社，2005：113 - 114.

[22] 王振民，黄石生，薛家祥．等离子喷涂设备的现状与进展 [J]. 中国表面工程，2000，49：5 - 8.

[23] 陈克选，李春旭，张志坚．单片机控制等离子喷涂电源研制 [J]. 甘肃工业大学学报，2000，26：8 - 11.

[24] 杜贵平，黄石生．60kW 级软开关等离子喷涂高效电源研究 [J]. 电工技术学报，2005，20：94 - 97.

[25] Borilsov Y s，Kislitsa A N. Micro-plasma Spraying Using Wire Materials [J]. The Paton Welding Jouranl，2003，3：50 - 51.

[26] Kazuaki Kawamoto. Development of transportable plasma spraying system [J]. Fine Ceramics Report. 2003，21：123 - 125.

[27] Li He ping，Chen Xi. Three dimensional simulation of a plasma jet with transverse particle and carrier gas inject [J]. Thin Solid Film，2001，390：175 - 180.

[28] 张平，王海军，朱胜．高效能超音速等离子喷涂系统的研制 [J]. 中国表面工程，2003，60：12 - 16.

[29] Mortet V，Vasin A，Jouan P Y. Aluminum nitride films deposition by reactive triode sputtering for surface acoustic wave device applications [J]. Surface and Coatings Technology，2003，176：88 - 92.

[30] 截达煌，周克热，袁镇海，等．现代材料表面技术科学 [M]. 北京：冶金工业出版社，2004：129 - 141.

[31] Huang Heji，Keisuke Eguchi，Toyonobu Yoshida. High - power hybrid plasma spraying of large yttria - sta - bilized zirconia powder [J]. Journal of Thermal Spray Technology，2006，15 (1)：72 - 82.

[32] Song R G. Hydrogen permeation resistance of plasma - sprayed Al_2O_3 and Al_2O_3～13wt% TiO_2 ceramic coatings on austenitic stainless steel [J]. Surface and Coatings Technology，2003，168 (1)：191 - 194.

[33] Mostaghimi J，Chandra S，Ghafouri - Azar R，Dolatabadi A. Modeling thermal spray coating processes：a powerful tool in design and optimization [J]. Surface and Coating Technology. 2003，163：

1－11.

[34] Westergard R，AXen N，Wiklund U，Hogmark S. An evaluation of plasma sprayed ceramic coating by erosion，abrasion and bend testing [J]. Wear，2000，246：12－19.

[35] Cell M，Jordan E H，Sohn Y H and Gberman D. Development and implementation of plasma sprayed nanostrurured ceramic coatings [J]. Surface and Coatings Technology，2001，146：48－54.

[36] 罗来马，等．高速电弧喷涂 FeMnCr Cr_3C_2 涂层的组织与性能 [J]. 材料热处理学报，2009，30 (3)：174－177.

[37] 查柏林，王汉功，苏勋家．超音速热喷涂技术在再制造中的应用 [J]. 中国表面工程，2006，19 (z1)：174－177.

[38] LI Ping，WANG Han-gong. Microstructure and properties of ultrasonic Arc spraying Ti-Al alloy composites coatings [J]. Materiais Protection，2002，35 (11)：12－14.

[39] 栗卓新，方建筠，等．高速电弧喷涂 Fe-TiB_2/Al_2O_3 复合涂层的组织及性能 [J]. 中国有色金属学报，2005，15 (11)：1800－1805.

第2章　电镀铬种类及应用

电镀铬技术按照实际功能进行分类，其中应用最为广泛的为：耐磨硬铬镀层、耐蚀耐磨复合镀铬层、防腐装饰镀铬层等[1-2]。

2.1　耐磨硬铬镀层

电镀硬铬镀层主要作为耐磨防护层进行使用，要具备良好的耐磨性能及耐腐蚀性能等，因为镀层在使用过程中往往都是受到磨损、腐蚀等的复合作用。为了满足实际工程应用中的需求，电镀硬铬层需要具有以下的性能：

（1）镀硬铬层的硬度一般在HV500～HV800，将电镀工艺调整到最佳时，可以获得硬度＞HV800的硬铬层。镀层的硬度与其耐磨性能有直接的关系，硬度越高则耐磨性能也越好，但是随着硬度的提高，镀层的脆性也升高，并产生的微裂纹数量也会增加，因此在保证镀硬铬层具有较高的硬度的同时还要保证镀层具有一定的韧性。

（2）电镀铬的厚度一般在5～50μm，由于电镀工艺的限制，不易实现厚镀层。厚度与镀层的防护性能息息相关，镀层的厚度越厚越能够长效的保护基材，但镀铬层强度会随厚度增加而降低，镀铬层的抗拉强度与疲劳强度随镀层厚度增加而下降。因此镀硬铬层的厚度要求＞50μm。

（3）镀硬铬层在应用过程中会受到磨损、冲击等情况，需要镀层具有致密的结构，尽量避免微裂纹及“氢脆”的发生，镀层与基体的结合强度＞25MPa。

经过近百年的发展，电镀硬铬层在各个领域都有较广泛的应用，如：

1）内燃机活塞环表面镀硬铬。

活塞环是内燃机的一项重要构件，起密封气体、控制润滑油、散热及支承导向作用。在燃烧过程中，活塞环直接接触高温高压燃气，承受较大的压力及温度变化，其表面遭受高热及侵蚀性气体的腐蚀。在润滑较差时，活塞环的工作状况尤为恶劣，引起强烈磨损，从而使内燃机功率下降，油耗增大而寿命缩短。为提高耐磨性，活塞环的表面处理是十分必要的。最普遍的方法是镀硬铬，一般对第一道气环及撑簧油环的外圆面镀硬铬，也有增加侧面镀铬的。但近几年来，如喷钼、喷陶瓷复合材料及激光热处理等方法，替代了大部分的电镀铬应用[3-4]。

2）减震器表面镀硬铬。

减震器是汽车和摩托车的关键部件，其主要构件减震杆为降低摩擦系数和磨损而采用硬铬电镀，铬层厚度要求20～25μm，硬度为HV600～HV800。

3）以及其他的典型的机械零部件，如汽车的阀杆、活塞杆、齿轮、模具、液压轴等。

2.2 耐蚀耐磨复合镀铬层

光亮的镀铬层具有较高的硬度，如镀硬铬及装饰镀。而乳白色铬层则硬度较低，其表面呈乳白色，光泽度低、韧性好、孔隙低、色泽柔和，但耐蚀性高于镀硬铬层。因此乳白色镀铬层适用于腐蚀较为严重的环境，同时为了提高镀层的性能，扩大其应用范围，在乳白色镀铬层表面可再镀覆一层硬铬，形成一种复合镀层。该复合镀层兼有乳白镀铬层和硬铬镀层的特点，多用于镀覆既要求耐磨又要求耐腐蚀的零件[5-7]。该复合镀铬层的主要性能要求如下：

（1）硬铬层与乳白色镀铬层要求结合良好，不发生开裂脱层现象。

（2）镀层表面要保持镀硬铬层的性能，硬度为HV400～HV700。

（3）镀层无贯穿的裂纹，防止腐蚀介质到达基体表面，保持镀层的耐腐蚀性能。

（4）复合镀层的总厚度要求＞50μm，具有致密的结构，与基体的结合强度＞25MPa。

这种复合镀铬层由于具有耐磨、耐腐蚀等良好的综合性能，因此获得了较为广泛的应用，如：量具、机械面板等。

2.3 防腐装饰镀铬层

防护-装饰性镀铬俗称装饰铬，镀层较薄，光亮美丽，通常作为多层电镀的最外层，为达到防护目的，在锌基或钢铁基体上必须先镀足够厚的中间层，然后在光亮的中间层上镀以 0.25～0.5μm 的薄层铬。常用的工艺有 Cu/Ni/Cr、Ni/Cu/Ni/Cr、Cu - Sn/Cr 等[8-10]。

该镀层的主要要求为：表面光洁度好，均匀致密，无明显裂纹、疤点，多层之间要求结合紧密，无分层，开裂等情况。

装饰镀主要起到装饰、美化的效果，并且兼具有一定的防磨、防腐蚀能力，广泛用于汽车、自行车、缝纫机、钟表、仪器仪表、日用五金等零部件的防护与装饰。

参 考 文 献

［1］ Kraft E H. Summary of emerging titanium cost reduction technologies［J］. Report by EHK technologies. Vancouver，WA，2004.

［2］ 李志勇，李新梅．镀铬添加剂［J］．电镀与涂饰，2002，21（1）：51-54.

［3］ 严钦元．现代电镀与表面精饰添加剂［M］．北京：北京科学技术文献出版社，1994.

［4］ 王鸿建．电镀工艺学［M］．哈尔滨：哈尔滨工业大学出版社，1995.

［5］ 许强龄，吴以南，等．现代表面处理新技术［M］．上海：上海科学技术文献出版社，1994.

［6］ 李鸿年，张绍恭，张炳乾，等．实用电镀工艺［M］．北京：国防工业出版社，1990.

［7］ Klein. A. T. J. Electrolytic Preparation of Isotopically Enriched Hard Chromium Layers on Gold

Backings for Nuclear Reaction Studies [J]. Journal of The Electrochemical Society, 1999, 146 (12): 4526.
[8] Winer Ret, al. Theory of Chromium Deposition [J]. Metal Finishing, 1966, 64 (3): 46.
[9] 丁立津.HEEF25镀铬工艺的介绍 [J]. 电镀与环保, 1991, 11 (2): 38.
[10] Hyman Chessin. Bright Chromium Plating baths and process [P]. USP: 4472249.

第3章　替代电镀铬层的热喷涂涂层设计

热喷涂技术对工件的形状、材质等均无特殊要求，可以适用于各个领域的产品表面强化处理。通过热喷涂技术可以高效的在工件表面制备高耐磨、耐腐蚀、耐高温等高性能防护涂层，不仅可以对硬铬镀、复合镀、装饰镀等电镀铬技术实现全面的替代，而且可以实现产品表面性能及使用寿命的大幅提高，大范围扩展了产品表面强化处理的应用领域。既解决了因电镀铬而产生的环境污染问题，又节约了大量的人力、财力、资源的浪费，带来巨大的经济、社会效益。

与电镀铬技术需要分为硬铬镀、复合镀及装饰镀等不同电镀铬工艺类似，针对工件不同的性能需求，需要设计相应的喷涂方案、粉末配方、喷涂工艺等与之匹配。按照性能需求，热喷涂涂层可以大致分为：超硬耐磨金属涂层、耐磨耐腐蚀金属涂层、耐高温磨损涂层、耐磨耐腐蚀陶瓷涂层、防腐涂层等[1-3]。

3.1　超硬耐磨金属涂层

摩擦磨损是自然界的一种普遍现象。摩擦是两配合表面之间由于微区接触而产生的原子或分子间的相互作用所引起的阻碍其相对运动的现象；而磨损是指两配合表面的物质由于相对运动而不断损失的现象。只要存在物体表面间的相对运动就必然会出现摩擦，有摩擦就必然伴随着磨损，可产生磨损的工作条件包括滑动、微振、冲击、擦伤、侵蚀等。工件表面耐磨性能主要取决于表面的硬度及摩擦界面的状态，表面硬度越高、摩擦界面越光滑则耐磨性能越好。

采用热喷涂技术来提高工件表面的耐磨性能便是在工件表面制备一层硬度远高于的基体的防护层，因此需要选择高硬度的材料制备耐磨涂层。但硬度与脆性是一把“双刃剑”，随着硬度的不断提高也会使涂层不断变脆，反而影响涂层的耐磨性能，甚至会导致涂层开裂剥落，因此在提高涂层硬度的同时，还需要保证涂层具有良好的韧性。另外，涂层的致密性也会对涂层的耐磨性能产生一定的影响，致密性良好的涂层，在摩擦发生时，摩擦界面会变得越来越光滑，摩擦系数降低，增强耐磨性能[4-7]。

3.1.1　粉末配方及喷涂方法设计

WC 在常温下具有相当高的硬度，并且至 1000℃其硬度也下降较少，是高温硬度最高的碳化物。但由于 WC 的超硬性使其具有较高脆性，单纯使用 WC 无法与基材进行良好粘接并会开裂，无法制备涂层，需要其他金属作为粘接相，使 WC 与基体进行良好的结合。

WC 与 Co、Ni、Fe 等金属的润湿性最好，而且，在温度升高到一定值时，能溶解在这些金属中，温度降低时又析出形成碳化物的骨架，因此可以使用 Co 或 Ni 等金属作为黏结相进行高温烧结或复合，制备高耐磨涂层。使涂层即可以发挥出 WC 的高硬度、高耐磨，又可以获得良好的韧性，并可以保证与基体的良好结合[8-11]，见图 3.1。

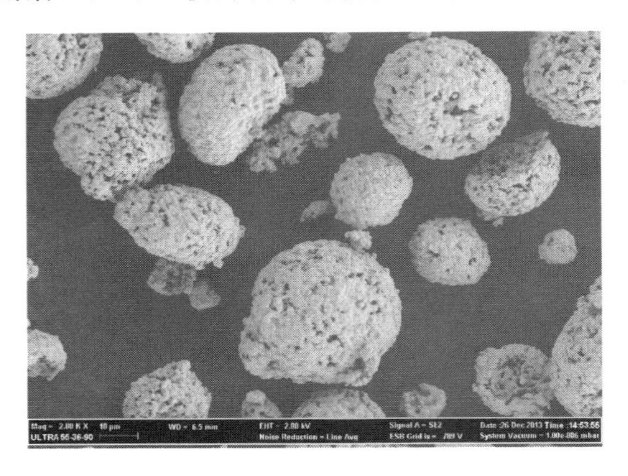

图 3.1　钴包碳化钨粉末示意图

WC 的主要缺点是抗氧化能力差，在氧化性气氛中受强热易分解成 W_2C 和 W，这可以通过采用 Co 等抗氧化粘接相包覆 WC 以及优化喷涂工艺等方法予以改善。

需要耐磨层防护的工件，往往在受到磨损侵害的同时，还受到震动、冲击、腐蚀等伤害，因此耐磨防护涂层需要具有高的综合性能，如高硬度、高韧性、高结合强度、良好的耐腐蚀性能等。

采用 WC 作为超硬耐磨相、Co 作为粘接相并添加 Cr 作为防腐蚀相，形成 WC－10Co4Cr 复合粉末，可以得到满足上述性能要求的超硬耐磨涂层。

超音速热喷涂技术产生的火焰温度可以使 Co、Cr 等低熔点金属粉末得到良好的熔融，并且超音速喷涂技术使得粉末飞行的时间极短、发生氧化的时间也变短，可以减少氧化的发生。而等离子喷涂技术所产生高达 20000℃的高温且焰流的速度较低，会造成这些金属粉末的严重氧化，甚至蒸发。并且超音速热喷涂技术制备的涂层具有高结合强度、低孔隙率等特点，因此针对这些耐磨金属粉末喷涂时，应选用超音速热喷涂技术，包括 HVOF 及 HVAF。

采用超音速氧煤油火焰热喷涂技术（HVOF）可以制备高结合强度（$>$75MPa）、高致密性（孔隙率$<$1%）、高硬度（$>$HV1400）并具有良好韧性的超硬耐磨涂层，其性能远高于电镀硬铬层。

3.1.2　喷涂工艺设计

在 HVOF 喷涂中，煤油流量、氧气流量、送粉载气流量、送粉量、喷涂距离及喷涂线速度等是关键的工艺参数。煤油流量、氧气流量及他们之间的混合比决定了燃烧产生的热量和焰流特性，从而影响焰流与粒子间的热量与动能交换，进而影响涂层的性能。喷涂距离是一个重要的参数，喷涂距离过短时将导致涂层温度过高，形成过大的热应力造成涂层的结合强度下降，甚至开裂；喷涂距离过大时粒子到达基体的速度降低，涂层的致密性及结合强度下降。送粉量与喷涂线速度也是影响涂层质量的关键参数，送粉量过大则会存在未被熔融的粒子，造成生粉夹杂，产生孔隙等，送粉量过小则会导致粒子过度加热，造成严重氧化甚至蒸发损失；喷涂线速度过快则单遍制备的涂层较薄，影响制备涂层的效率，并会造成基体过热，线速度过慢则单遍制备的涂层过厚，容易引起裂纹及孔隙。

因此，要对 HVOF 喷涂技术的关键工艺参数进行设计和优化，才能获得最佳的涂层性能。

(1) 首先要确定煤油与氧气的燃烧配比。一般认为燃料和氧气得到完全燃烧时，即是较好的配比。航空煤油的成分为 C10－C16 烷烃、少量芳香烃、不饱和烃、环烃及其他杂质，通过氧气燃烧的化学式计算，得出氧气与煤油的完全燃烧的配比约是 1L/h：$2m^3/h$，可以用这个配比为基础结合实际的试验进行优化。

(2) 根据材料不同的熔点、密度等特性，确定燃料及氧气流量的大小，既确保熔融充分又不过分氧化。

(3) 根据不同的粉末配方，确定各项参数，优化出最佳的参数组合。由于 HVOF 技术的工艺参数较多，并且每一个参数都会对涂层性能造成直接的影响，因此得到最佳的工艺组合是一项复杂的试验工程，可以通过正交试验分析法等先进的试验方法来减少试验量，提高效率，见表 3.1。

表 3.1　HVOF 工艺参数

煤油流量/(L/h)	氧气流量/(m^3/h)	送粉量/(g/min)	送粉载气流量/(L/min)	喷涂距离/mm	喷涂线速度/(m/s)
20～30	45～55	40～120	8～12	340～420	500～1200

3.2 耐蚀耐磨金属涂层

许多工件在使用过程中会受到严重的腐蚀侵害，如化工行业的阀杆、锅炉“四管”、注塑机螺杆等，但是这些工件在使用环境中不只受到腐蚀，还有杂质、颗粒等的磨损，甚至高温。同时，工件在使用过程中会受到振动、冲击等。因此，这些工件表面需要一层高耐腐蚀并且具有良好耐磨性能的涂层，还需要具备高的结合强度及致密性[12-15]。

3.2.1 粉末配方及喷涂方法设计

$NiCr-Cr_3C_2$ 金属材料由两种不同性能的组分构成：其中 NiCr 合金具有良好的耐热耐蚀性，常用的成分是 80%Ni/20%Cr；而 Cr_3C_2 是 Cr－C 系中最常见与最重要的一种化合物，熔化温度为 1810℃，在金属碳化物中它的抗氧化能力最强，在空气中只有在 1100～1400℃才开始显著氧化，在高温条件下仍然保持相当高硬度。Cr_3C_2 还具有很强的耐蚀性和耐磨性，在稀硫酸溶液中是 1Crl8Ni9Ti 不锈钢耐蚀性的 30 倍，而在蒸汽中则是 Co－WC 合金的 50 倍。其表面硬度及耐磨性能虽然低于 Co－WC 合金，但较 Q235、40Cr、45 号钢等基材仍具有良好的耐磨性能。综合来说，采用 $NiCr-Cr_3C_2$ 复合金属粉末制备的涂层，具有极强的耐腐蚀性能、特别是耐高温腐蚀并具有良好的耐磨性能，能够满足腐蚀、高温、磨损环境下使用。

作为喷涂层材料，$NiCr-Cr_3C_2$ 有不同的结构与组成。在结构上，分为混合型与包覆型。混合型是 NiCr 与 Cr_3C_2 各作为一个组分按一定粒度及重量的要求混合而成，这种形式的 $NiCr-Cr_3C_2$ 已应用多年，至今仍占据重要地位。包覆型是利用化学及冶金方法将 $NiCr-Cr_3C_2$ 两种组分包覆在一起，成为一种复合材料，这种材料在喷涂时减少了失 C 的可能性，并使涂层均质化程度高，质地均匀。

$NiCr-Cr_3C_2$ 的组成，主要是指两组分之间的比例。对 NiCr 合金本身，通常选用 80%Ni-20%Cr，而 NiCr 合金的含量可由 0 增至 50%，随着 NiCr 合金含量的增大，涂层的韧性加大，但硬度降低，耐磨性变差，只有二者比例恰到好处，涂层的抗高温性、耐磨性和耐蚀性才能达到综合最佳值，一般以 NiCr 占 20%～25%为宜（即 Cr_3C_2 占 75%～80%）。

针对 $NiCr-Cr_3C_2$ 复合金属粉末喷涂时，应采用焰流温度较低、焰流速度极高的超音速火焰热喷涂技术，所制备的 $NiCr-Cr_3C_2$ 复合涂层，其性能与 WC-CoCr 涂层相比，结合强度与硬度略低（结合强度 50～60MPa，硬度 HV1100），进而耐磨性能较 WC-CoCr 涂层有所降低，但其耐腐蚀性能较 WC 涂层有了显著的提高，特别是在 750℃ 以上的高温环境中，它仍能发挥出良好的耐磨、耐腐蚀性能，而 WC 涂层则无法适用。

3.2.2　喷涂工艺设计

由于不同的粉末材料都有自己的特性，如密度、熔点、硬度、韧性等，因此针对不同的粉末材料，需要研发出不同的超音速火焰热喷涂技术（HVOF）的工艺参数，HVOF 喷涂 $NiCr-Cr_3C_2$ 复合涂层的工艺参数范围如表 3.2 所示。

表 3.2　HVOF 喷涂 $NiCr-Cr_3C_2$ 复合涂层工艺参数

煤油流量/(L/h)	氧气流量/(m^3/h)	送粉量/(g/min)	送粉载气流量/(L/min)	喷涂距离/mm	喷涂线速度/(m/s)
18～28	42～52	30～100	6～10	340～420	500～1200

3.3　耐蚀耐磨陶瓷涂层

陶瓷是金属元素和非金属元素组成的晶体或非晶体化合物。它和金属材料、高分子聚合物材料一起，构成固态工程材料的三大支柱。现代已将金属陶瓷、其他无机非金属材料统归入陶瓷范畴，成为品种、功能极多的一个材料大家族。陶瓷材料多具有离子键和共价键结构，键能高，原子间结合力强，表面自由能低，原子间距小，堆积致密，无自由电子运动。这些特性赋予了陶瓷材料高熔点、高硬度、高刚度、高化学稳定性、高绝缘绝热能力、热导率低、热膨胀系数小、摩擦系数小、无延展性等鲜明特征。又由于陶瓷材料总含有或多或少的玻璃相和气孔，加之许多陶瓷材料具有多种晶体结构，因而其塑性变形能力差，抗热震和抗疲劳性能差。对应力集中和裂纹敏感，质脆，成为陶瓷材料的致命弱点。

显然，用陶瓷作为机械结构材料，其可靠性比金属材料差，加上机械加工困难、成本高等因素，因而目前还处于初期实验阶段，距离成功的工业应用，无论在材料结构的理论上还是在生产实践上，都还有漫长的路程，难度很大。

然而，应用新型陶瓷复合粉末，采用热喷涂技术特别是等离子喷涂技术，在金属基体上制备陶瓷涂层，能把陶瓷材料的特点和金属材料的特点有机地结合起来，可以解决陶瓷材料韧性差、质脆等问题，又可以保留其高硬度、高耐磨性、摩擦系数小等特性，即保持了金属基材的易加工成型、高韧性等特点，又大幅提高了基材的表面性能及使用寿命，大幅扩展了陶瓷材料的应用范围。

3.3.1 粉末配方及喷涂方法设计

Cr_2O_3 和 Al_2O_3 是应用最为广泛的两种陶瓷材料，针对这些高熔点的氧化物陶瓷材料可以采用焰流温度更高的等离子热喷涂技术，通过等离子热喷涂技术可以在工件表面形成耐高温、耐磨、耐腐蚀及抗高温氧化等的高性能防护涂层。

等离子喷涂 Cr_2O_3 涂层的化学性能十分稳定，不溶于酸、碱、盐及各种溶剂，具有优异的耐介质浸渍腐蚀性能，耐含 H_2S、SO_2 等腐蚀性气体的高温冲蚀，对大气、淡水和海水以及光极为稳定，但溶于热的溴化钠盐溶液。氧化铬涂层具有极好的亲水性能，在涂层表面形成一层均匀的水膜。氧化铬还具有良好的物理性能，可用作540℃以下耐磨粒磨损、硬面磨损及冲蚀磨损涂层，耐气蚀涂层；250℃以下化学介质中使用的零部件的抗腐蚀磨损涂层（需经适当的封孔处理），如活塞、柱塞、化工机械轴类、泵密封件、耐磨环、滑阀、汽缸内衬、排风扇、抛光及磨光夹具等；耐纤维磨损涂层，如化纤纺机的导丝轮，摩擦轮，罗拉辊等；导磁耐磨涂层，如录音机磁头等。

等离子喷涂出氧化铝陶瓷涂层呈片层状，有少量孔隙、微裂纹及杂质，氧化铝的典型晶体结构为稳定相 $\alpha-Al_2O_3$，等离子喷涂后涂层中 $\alpha-Al_2O_3$ 均减少，主要以亚稳定相 $\gamma-Al_2O_3$ 存在[16-18]。氧化铝涂层可用作常温下的低应力磨粒磨损、硬面磨损、耐多种化工介质和化工气体腐蚀、耐气蚀和冲蚀涂层，还用于高温下的耐燃气气蚀、热障及高温可磨耗涂层等。

由于 TiO_2 的熔点比 Al_2O_3 低，而润湿性比 Al_2O_3 好，TiO_2 陶瓷涂层具有非常低的孔隙率，耐磨性能好，不易发生化学反应，涂层韧性好，容易加工，可磨削到很高的表面光洁度，耐大多数酸、盐及溶剂的腐蚀等特点。因此将 TiO_2 与 Al_2O_3 按照一定比例混合，可以形成性能更加优良的复合陶瓷涂层，比单一 Al_2O_3 涂层的质量有所改善。通过研究发现 $Al_2O_3-13wt\%TiO_2$（简称AT13）涂层，在540℃以下具有优异的耐磨、耐蚀和绝缘等综合性能。

采用等离子喷涂制备的 $Al_2O_3-TiO_2$ 涂层，主要由金红石型 TiO_2、锐钛矿型 TiO_2、Magneli相及 $\gamma-Al_2O_3$ 组成，还含有少量 $\alpha-Al_2O_3$ 和微晶或非晶。与 Al_2O_3 涂层相比，AT13涂层中添加 TiO_2 使陶瓷层中孔隙减少涂层更加致密[9-12]。

AT13涂层与 Al_2O_3 涂层相比硬度较低，但其硬度分布的分散性较小，涂层的均匀性更好。在相同的摩擦磨损试验条件下，AT13涂层比 Al_2O_3 涂层耐磨性更好。

3.3.2 喷涂工艺设计

采用常规等离子喷涂技术制备陶瓷涂层时，由于等离子技术的焰流速度较低、总喷涂功率较低等，所制备涂层会出现不够致密（孔隙率2%～5%）、结合强度低（30～40MPa）等问题。因此，国内外的科研机构开始对等离子喷涂技术进行升级改造，以提高等离子喷涂技术的焰流速度，使之达到超音速，并尽可能地提高喷涂功率。目前，实现了真正超音速等离子喷涂的系统主要有：美国PRAXAIR公司的PlazJet高能等离子喷涂系统，水利部杭州机械设计研究所在美国 Progressive Surface 公司产品基础上开发的 STR100 超音速等离子喷涂系统等[19-22]。

这些新型的等离子热喷涂系统，大幅提高了喷涂功率（达到 100kW 以上），粒子速度达到 700m/s 以上，实现了高致密（孔隙率$<1\%$）、高结合强度的陶瓷涂层（结合强度$>$60MPa）。

氧化物陶瓷涂层的脆性较高，热膨胀系数等与基材差别较大，因此一般会在陶瓷涂层与基材之间增加一个粘接过渡层，可以有效提高涂层与基材之间的结合强度，并且如NiCrAl等合金的粘接层还具有良好的耐腐蚀性能。

采用 STR100 超音速等离子喷涂系统可以制备高性能的陶瓷涂层，针对 Cr_2O_3 及 AT13 喷涂时，该系统的主要工艺参数范围如表 3.3 所示。

表 3.3　STR100 超音速等离子喷涂系统制备 Cr_2O_3 及 AT13 陶瓷涂层工艺参数

涂层类型	工艺参数		
	功率/kW	送粉量/（g/min）	距离/mm
NiCrAl	80～100	60～80	100～150
Cr_2O_3	90～110	60～100	100～150
AT13	85～105	60～100	100～150

3.4 防 腐 涂 层

据统计，每年由于腐蚀原因使全球大约损失 10%～20%的金属，约合 7000 多亿美元，造成巨大的资源、经济等的浪费。腐蚀防护技术也自然成为大家重点研究的一项重要技术，同时腐蚀防护也是一项传统的技术，从最初的刷涂油漆、刷涂环氧树脂发展到现在的微弧氧化、热喷涂等新技术经历了数百年的时间，并且腐蚀防护技术仍将不断发展、腐蚀防护技术的应用也将不断的深入。

3.4.1 粉末配方及喷涂方法设计

电弧喷涂技术因可以在工件表面制备高耐腐蚀的涂层且其具有喷涂效率高、现场施工便捷等特点，而被广泛应用于化工、建筑、桥梁、水利工程等领域。

在电弧技术开始应用的初期，Al、Zn 及其合金是应用最为广泛的防腐蚀材料，所制备的涂层会在基材表面产生氧化物形成钝化膜防止腐蚀，并且这些金属在基材表面还可以起到阴极保护的作用。对于只存在腐蚀而没有磨损、冲击、振动等使用环境时，此类合金防腐层可以起到很好的保护效果。然而，环境对工件的作用不可能只存在单纯的腐蚀，一定会有介质的冲击、磨损以及工件运行时产生的振动等。此时，采用传统电弧技术制备的 Al、Zn 合金涂层就会暴露出许多不足，如结合强度低（10～25MPa）、不够致密（孔隙率 5%～15%）、耐磨性能较低等。

随着电弧喷涂技术的发展，喷涂束流的速度、电弧电流、喷涂功率等都得到了大幅的提高。电弧喷涂技术也逐渐从普通电弧发展成为高速电弧以及超音速电弧。当电弧喷涂时粒子速度大幅提高、并且对丝材的雾化更加充分时，所制备的涂层性能将会大幅提高。

采用新型的超音速电弧喷涂技术，产生的高速射流可以将金属粒子进行极细的雾化，并将粒子加速到800m/s，冲击到工件表面形成致密、高结合强度的涂层。

超音速电弧喷涂技术的出现，不仅大幅提高了涂层的性能，而且大范围扩大了电弧技术的喷涂领域，并扩展了电弧喷涂所用的材料。电弧丝材由单一的金属、合金等发展成多成分复合的丝材。如 FeCrNi 复合丝材、陶瓷粉芯丝材等。

3.4.2 喷涂工艺设计

采用超音速电弧喷涂技术在工件表面可以制备 FeCrNi 复合涂层，具有良好的耐腐蚀及耐磨性能，其主要工艺参数如表 3.4 所示。

表 3.4 超音速电弧喷涂系统制备 FeCrNi 复合涂层工艺参数

空气压力/PSI	丙烷压力/PSI	电压/V	距离/mm
70～85	70～80	30～38	100～200

3.5 涂层性能测试分析方法

热喷涂涂层技术的研究是为了制备出高性能的涂层，因此对涂层性能的准确测试分析变得尤为重要。涂层的性能评价可以验证热喷涂工艺的优劣，是对工艺参数进行优化的基础。并需要对涂层进行各项性能的综合测试分析，如硬度、微观结构、孔隙率、结合强度、耐磨性能、耐蚀性能等，才能得出涂层的最终性能评价。

1. 孔隙率、显微硬度、微观形貌分析试样的制备

在对涂层进行孔隙率、显微硬度、微观形貌等测试分析时，需要对试样进行相关制备，包括试样的截取、试样的镶嵌、试样的磨抛等。制备好的试样应呈现为镜面，能观察到真实组织、无划痕、无磨痕、麻点与水迹等。

(1) 试样的截取

选择合适的、有代表性的试样是进行相关分析的极其重要的一步，包括选择取样部位、检验面及确定截取方法、试样尺寸等。

(2) 试样的镶嵌

在金相试样的制备过程中，有许多试样直接磨抛（研磨、抛光）有困难，所以应进行镶嵌。经过镶嵌的样品，不但磨抛方便，而且可以提高工作效率及试验结果准确性。通常进行镶嵌的试样有：形状不规则的试件；线材及板材；细小工件；表面处理及渗层镀层；表面脱碳的材料等。

样品镶嵌的常用方法有：

1) 机械镶嵌法。将试样放在钢圈或小钢夹中，金属元素分析仪然后用螺钉和垫块加以固定。该方法操作简便，适合于镶嵌形状规则的试样。

2) 树脂镶嵌法。利用树脂来镶嵌细小的金相试样，可以将任何形状的试样镶嵌成一

定尺寸的试样。树脂镶嵌法可分为热压和浇注镶嵌法两类。①热压镶嵌法，是将聚氯乙烯、聚苯乙烯或电木粉经加热至一定温度并施加一定压力和保温一定时间，使镶嵌材料与试样紧固地黏合在一起，然后进行试样研磨。热压镶嵌需要用镶嵌机来完成。②浇注镶嵌法。由于热压镶嵌法需要加热和加压，金属元素分析仪对于淬火钢及软金属有一定影响，故可采用冷浇注法。浇注镶嵌法适用于不允许加热的试样、较软或熔点低的金属，形状复杂的试样、多孔性时试样等。或在没有镶嵌设备的情况下应用。

针对带有涂层的金相制样，一般采用树脂镶嵌法。同时考虑到单独镶嵌时涂层与基体硬度差别大，会在磨抛过程中容易产生弧面，故采取两个试样对称镶嵌的形式。

3）试样的磨抛。分粗磨和细磨两步。试样镶嵌完成后，首先选用 100 目左右的粗砂纸进行粗磨。应握紧试样，使试样受力均匀，压力不要太大，并随时用水冷却，以防受热引起金属组织变化。

细磨是消除粗磨时产生的磨痕，为试样磨面的抛光做好准备。粗磨平的试样经清水冲洗并吹干后，随即把磨面依次在由粗到细的各号金相砂纸上磨光，依次 400～3000 目。采用机械磨制可以大幅提高磨制效率。机械磨制是将磨粒粗细不同的水砂纸装在预磨机的各磨盘上，一边冲水，一边在转动的磨盘上磨制试样磨面。打磨的方式为十字交叉打磨，直至磨面上旧的磨痕被去掉，新的磨痕均匀一致为止。在调换下一号更细的砂纸时，应将试样上磨屑和砂粒清除干净，并转动 90°角，使新、旧磨痕垂直。由于是采用两个试样对称镶嵌，在打磨方向与涂层平行时，由于基体硬度低，容易被磨掉，用力需较小，方向与涂层垂直时，可加大力度。

抛光的目的是为去除金相磨面上因细磨而留下的磨痕，使之成为光滑、无痕的镜面。试样的抛光可分为机械抛光、电解抛光、化学抛光三类。对于涂层试样的抛光，一般采用机械抛光。

机械抛光是在专用的抛光机上进行的，抛光机主要是由电动机和抛光圆盘（ϕ200～300mm）组成，抛光盘转速为 200～800r/min 以上。抛光盘上铺以细帆布、呢绒、丝绸等。抛光时在抛光盘上不断滴注抛光液。抛光液通常采用 Al_2O_3、MgO、Cr_2O_3 及金刚石等细粉末（粒度约为 0.3～1μm）在水中的悬浮液。机械抛光就是靠极细的抛光粉末与磨面间产生相对磨削和液压作用来消除磨痕的。操作时将试样磨面均匀地压在旋转的抛光盘上，并沿盘的边缘到中心不断作径向往复运动。抛光时间一般为 3～5min。抛光后的试样，其磨面应光亮无痕。抛光后试样先用清水冲洗，再用无水酒精清洗磨面，最后用吹风机吹干。

2. 孔隙率测试

孔隙率是涂层的重要性能指标。孔隙率越低，说明涂层结构越致密，有利于提高涂层的耐磨性能及耐腐蚀性能等。孔隙率的测定方法，通常有称重法、金相分析法等。

金相分析法，是将涂层的表面或截面制备成无痕镜面的金相试样。采用金相显微镜拍摄出 400 倍或 1000 倍下的金相照片。通过专业的金相孔隙率分析软件，测试出涂层内总孔隙所占总面积的百分比。

3. 硬度测试

对于涂层的硬度测试，一般采用显微硬度测试法。截取同时含有涂层及基体的横截面试样制备成无痕镜面金相试样。采用显微硬度测试仪进行涂层硬度的测试分析。对于高硬度的涂层可以提供测试的载荷（如 200gf、300gf），对于硬度较低的涂层可以适当降低测试载荷，加载时间一般为 10～15s，分析时的放大倍数一般为 400 倍。

由于大多数热喷涂涂层都为多成分的复合结构，不同区域的硬度值有所不同，因此需要测试多个点取平均值，见图 3.2。

涂层较厚时，采用 4（涂层）＋2（基体）共 6 个点测量，并测三条平行线得到三组数据。计算时去掉涂层硬度最高值和最低值，再计算涂层硬度平均值。同理求基体硬度平均值。

涂层较薄时，采用 3（涂层）＋2（基体）共 5 个点测量，并测三条平行线得到三组数据。同理计算涂层平均值。

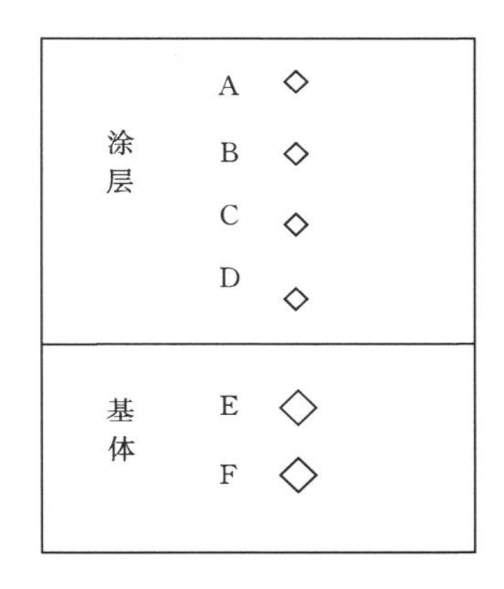

图 3.2　显微硬度测试分布示意图

4. XRD 微观结构分析

对涂层进行微观组织结构测试分析，可以得到通过热喷涂技术将粉末制备成涂层时，其微观结构发生了哪些改变，这些改变会对涂层的性能带来一定的影响，如 WC 粉末在制备成涂层时，由于氧化会转变为 W_2C，该组织会造成涂层的脆性提高，影响涂层的韧性及结合强度等。

将试样切割成一定尺寸后，保持表面原始状态，不用磨抛，用酒精进行超声波清洗 4～5 遍，再用吹风机吹干，保持表面干净无杂质。通过 X 射线衍射仪（XRD）分析仪可以准确测试分析出涂层的微观组织结构。

5. SEM 测试分析

通过扫描电子显微镜（SEM）可以直观的分析和评价涂层的微观形貌。可以对涂层的微观形貌进行 500 倍（整体形貌），1000 倍（界面形貌），3000 倍（涂层形貌），6000 倍（涂层形貌），10000 倍（涂层形貌）等放大倍数下的高清观察分析。

还可以对涂层的局部进行 EDS 能谱分析，得到该区域的元素分布以及半定量的元素含量分析，对涂层的成分、组织结构分析提供相关数据。

6. 结合强度测试

涂层的结合强度是涂层最关键的性能指标之一，包括涂层与基体之间的结合强度以及涂层内粒子之间的结合强度。涂层结合强度的高低直接关系到涂层是否适用于具体的工作环境以及涂层适用寿命的长短。

涂层的结合强度测试是按照标准 GB/T 8642—2002 在电子万能试验机上进行的。截取带有涂层的 ϕ25mm 的圆形样片作为结合强度测试试样，试样两端采用 FM-1000 薄膜胶或（E-7 胶）与两侧的粘接圆柱黏合，加热保温固化后进行拉伸试验，见图 3.3。

将黏结好的试样安装在液压式万能拉伸试验机上，均匀、连续地施加载荷（加载速度控制在 0.5mm/min），直到试样发生断裂，记录最大的载荷。按如下公式计算结合强度：

$$P=F/S$$

式中　P——涂层法向结合强度，MPa；

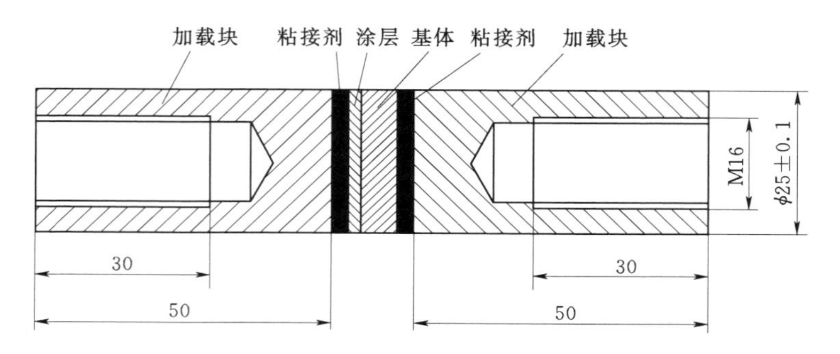

图 3.3　拉伸试样黏结示意图

F——试样拉断载荷，N；

S——涂层表面积，mm^2。

7. 摩擦磨损试验

机械零部件在使用的过程中，或多或少都会受到外部介质的磨损侵害。涂层耐磨性能直接影响对基体的耐磨防护效果以及零部件的使用寿命。并且涂层的摩擦磨损可以发生在室温以及高温的环境中，在不同的温度下，涂层的耐摩擦磨损性能会发生一定的变化。

采用 HT-1000 摩擦磨损试验机对涂层进行摩擦磨损试验，得出试验前后的失重量以及摩擦系数来评价涂层的耐磨损性能。试验原理：通过加载机构加上试验所需的载荷值，同时驱动样品盘上的被测试样以一定的速度转动，使其与对磨球进行摩擦，由计算机实时检测出材料的摩擦系数等数据。对磨球材质为 Si_3N_4、不锈钢等，加载重量为 500～1500g。试验温度可以是室温，也可以是高温。

8. 冲蚀性能测试

耐冲蚀性能是涂层的一项重要性能指标，如水利机械过流部件等工作在含有泥沙水环境中的工件，长期受到泥沙、杂质等的冲刷磨损，需要涂层具有良好的耐冲蚀性能。采用料浆冲蚀试验机对涂层进行泥沙冲蚀的模拟、加速试验，可以分析、评价涂层的耐冲蚀性能。

将试样装载到试验机中，通过泥沙的持续冲蚀，测试涂层的性能。对试样进行清洗、烘干、称重等处理，对试验前后的重量进行失重计算，通过测量失重量评价涂层的耐冲蚀性能。

9. 汽蚀测试

机械零部件在水环境以及气体环境中表面会受到汽蚀侵害，如水轮机叶轮、汽轮机叶片等。因此需要对相关涂层进行耐汽蚀性能的测试、评价。

通过高功率超声振动的方式形成汽蚀源，对涂层进行持续的汽蚀模拟。对试样进行清洗、烘干、称重等处理，对试验前后的重量进行失重计算，通过测量失重量评价涂层的耐汽蚀性能。

10. 盐雾腐蚀测试

按照标准 ISO 3768—1976 进行涂层的耐盐雾腐蚀性能测试。采用树脂将试样表面未覆盖涂层的区域进行包覆，将涂层区域完整的暴露在盐雾气氛中，进行盐雾腐蚀试验。通过记录试验后的外观；去除腐蚀产物后的外观；腐蚀缺陷如点蚀、裂纹、气泡等的分布和数量；开始出现腐蚀的时间等数据对涂层的耐盐雾腐蚀性能进行分析评价。

11. 电化学腐蚀测试

通过电话学工作站，对涂层的腐蚀电位及腐蚀电流进行测试，可以评价涂层的耐化学腐蚀的性能。

采用标准三电极体系，环氧树脂封装后的试样作为工作电极，铂片作为辅助电极，饱和甘汞电极（SCE）作为参比电极，在25℃的3.5%NaCl溶液中进行动电位极化曲线测试。电化学测试前工作电极在3.5%NaCl容易中浸泡0.5h。动电位扫描范围为－100～100mV（相对于开路电位），扫描速率为0.5mV/s。

参 考 文 献

[1] 熊文英，刘钧泉，罗韦因．替代镀硬铬的几种新工艺［J］．电镀与装饰，2005，25（4）：50－53.

[2] 李家柱，林安，甘复兴．六价铬电镀替代技术研究现状及其应用［J］．表面工程资讯，2005，5（21）：7－8.

[3] 吴华，宫文彪．氧化铝陶瓷涂层的组织与相结构分析［J］．热处理技术与装备，2009，30（6）：29－31.

[4] 路阳，等．超音速火焰喷涂研究与应用［J］．材料导报，2011，25（10）：127－130.

[5] Qiao Y F, Fischer E, Dent A. The effect of fuel chemistry and feedstock powder structure on the mechanical and tribological properties of HVOF thermal-sprayed WC-Co coating with very fine structures [J]. Surface and Coatings Technology, 2003, (172): 24－41.

[6] 杨震晓，等．热喷涂基体表面前处理技术的研究进展［J］．中国表面工程，2012，25（2）：8－13.

[7] Startwell B D. Thermal spray coatings as alternative to hard chrome plating [J]. Welding, 2000 (7): 39.

[8] 邓春明，等．Cr对超音速火焰喷涂WC－Co涂层抗中性盐雾腐蚀性能的影响［J］．材料开发与应用，2007，22（3）：33－36.

[9] 熊文英，刘钧泉，罗韦因，等．替代镀硬铬的几种新工艺［J］．电镀与涂饰，20076，25（4）：33－36.

[10] BODER B E, SOMERVILLE D A, EMERY W A, et al. The Evaluation of Tungsten Carbide Thermal Spray Coating as Replacements for Electrodeposited Chrome Plating on Aircraft Landing Gear [J]. Plating and Surface Finishinig, 1997, 84 (9): 25.

[11] ROY MCINTYRE. 等离子喷涂与高速氧燃料喷涂工艺的比较［J］．国外机车车辆工艺，1997（5）：10－12.

[12] 周兴建．可替代镀铬的离子束技术［J］．国外金属热处理，1996，17（5）：52－55.

[13] 弗朗克 N，隆哥．等离子喷涂层-镀铬的替代工艺［J］．太重技术导报，1992（3）：48－52.

[14] 华绍春，等．热喷涂技术的研究进展［J］．金属热处理，2008，33（5）：83－86.

[15] Vacandio F, Massiani Y, Eyraud M, Rossi S, Fedrizzi L Influence of various nickel undedayers on the corrosion behaviour of ain fdms deposited by reactive sputtering [J]. Surface and Coatings Technology, 2001, 137: 284－292.

[16] Spiniechia N, AngeHa G, Benocei R, Bmschi A. Study of plasma sprayed ceramic coatings for high power density microwave loads [J]. Surface and Coatings Technology, 2005, 200: 1151-1154.
[17] Chou BY Chang E. Plasma-sprayed hydroxyapatite coatings on titanium alloy witll ZrO_2 second phase and ZrO_2 intermediate layer [J]. Surface and Coatings Technology, 2002, 153: 84-92.
[18] 赵力东, Erich L, 李新. 热喷涂技术的新发展 [J]. 中国表面工程, 2002, 56 (3): 5-8.
[19] Fahr A, Roge B, Thornton J. Detection of thermally grown oxides in thermal barrier coatings by nondestructive evaluation [J]. Journal of Thermal Spray Technology, 2006, 15 (1): 46-52.
[20] Heeg B, Clarke D R. Nondestructive thermal barrier coating (TBC) damage assessment using laser-induced luminescence and infrared radiometry [J]. Surface and Coatings Technology, 2005, 200 (5-6): 1298-1302.
[21] 王世建. 青铜峡水电站水轮机磨蚀与防护措施 [J]. 水电能源科学, 2006, 24 (6): 107-110.
[22] 赵文珍. 金属材料表面新技术 [M]. 西安: 西安交通大学出版社, 1992.
[23] 郭立峰, 黄立国. 超音速电弧喷涂在风机叶轮上的应用 [J]. 材料保护, 2002, (1): 43-45.

第4章　超硬耐磨金属陶瓷涂层制备及性能研究

碳化物类金属陶瓷粉末，如 WC、TiC、ZrC 等，都具有熔点高、硬度高、化学性能稳定等特点，但其在高温时容易发生氧化，因此需要采用 Co、Ni、Cr 等金属作为黏结相制成复合粉末供热喷涂使用。其中碳化钨复合粉末具有超硬、耐磨、耐蚀等特性，通过超音速热喷涂方法将其制备在工件表面，可以对基材起到良好的耐磨、耐蚀防护效果，实现对镀耐磨硬铬技术的全面替代，并大幅提高工件的表面性能，整个实施过程无污染。

4.1　试　验　方　案

4.1.1　试验材料及试验方法

1. 粉末材料

制备碳化钨涂层所使用的碳化钨粉末通常由 WC 硬质相和金属黏结相组成。WC 是由 W 和 C 组成的化合物，为黑色六方晶体，熔点为 2870℃，具有很大的硬度和稳定的化学性能。但 WC 的抗氧化性能差，在氧性气氛中容易受热分解为 W_2C 和 C。W_2C 的显微硬度略高于 WC，其在室温下不稳定，且脆性大，不利于材料的耐磨性能。纯的 WC 粉末的润湿性较差，且高温下容易发生分解，因而不能直接用作热喷涂材料。Co、Ni 等金属与 WC 的润湿性好，因此常作为 WC 的黏结相，为 WC 提供必需的韧性。

Co 元素比 Ni 元素对 WC 具有更好的润湿性，是制造硬质合金的主要黏结材料和制备碳化钨金属陶瓷涂层的主要成分。目前 WC－Co 系粉末中钴组分含量范围为 9%～20%，常用的粉末成分主要有 WC－12Co、WC－15Co、WC－17Co、WC－10Co4Cr 等[1-5]。

WC－Co 基粉末制备方法较多，有固相法、气相法和液相法及它们之间的组合。具体方法有等离子体法、气相渗碳法、共沉淀法及热化学合成法等。但所制备的复合粉末颗粒粒经小，表面积大，粉末流动性极地，振实性差，若直接用于喷涂则易造成粉末堵塞枪管；且由于粉末粒经小，粉末在喷涂过程中没有足够的惯性，不利于粉末沉积。因此还需要一些加工方法处理，如烧结破碎法、团聚烧结法、包覆法、机械混合法和熔融破碎法等，将粉末团聚成一定的粒度以适合热喷涂需求[6-8]。见图 4.1。

2. 试验方法

近年来，氧煤油超音速火焰热喷涂技术（HVOF）被证实是制备 WC－Co 涂层的最佳方法之一，主要以煤油作为燃料，氧气作为助燃气体，通过控制系统将燃料和氧气以一

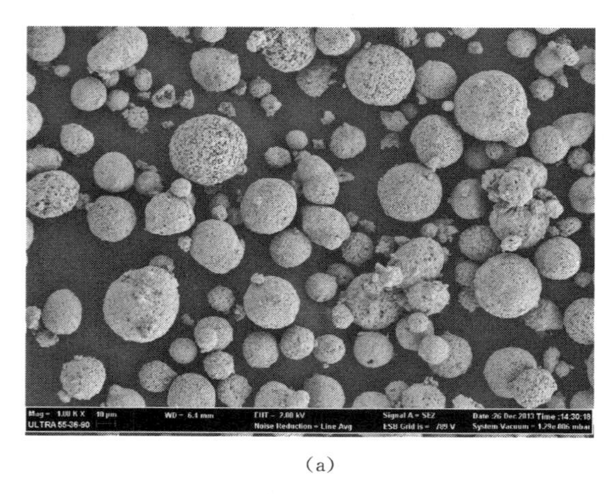

(a)

(b)

图 4.1　WC－10Co4Cr 粉末 SEM 图片

(a) 粉末球体；(b) 单个球体放大

定的比例输送到燃烧室进行燃烧，以形成高温高压燃气，并利用拉瓦尔喷嘴对燃气进行加速使其形成超音速焰流。粉末进入超音速焰流进行加热和加速，高速喷向工件表面沉积形成涂层。

在超音速火焰喷涂中，燃料流量、氧气流量、喷涂距离和送粉速率是影响涂层质量的关键参数。燃料流量与氧气流量的比例关系决定了喷涂时燃烧产生的热量和焰流特性，直接影响涂层粒子与焰流间的热量与动能交换。送粉量的大小直接影响到粉末喷涂过程中的熔融状态，在燃烧热量一定的情况下，粉末流量过大，会导致粉末熔化不充分，沉积后涂层中夹有生粉，且涂层的孔隙率会大大增加，不利于涂层的性能。送粉量太小，一方面粉末过熔，引起粉末氧化脱碳，另一方面又影响喷涂效率。喷涂距离也是 HVOF 喷涂的一个重要参数，喷涂距离过短会导致涂层热应力太大，不利于涂层的结合强度，同时也会导致工件温度过高，热变形大。适当的喷涂距离可以提高结合强度的同时减小涂层的氧化物含量[9-11]。

4.1.2　工艺方案

本实验采用荷兰 FST 公司生产的 HV50 新型超音速火焰喷涂设备，喷涂粉末采用 WC－10Co4Cr 粉末，粉末粒度为 15～45μm。喷涂试样的基体材料为水力机械常用材料 0Cr13Ni5Mo 高强不锈钢。试样喷涂前，用丙酮和乙醇对表面进行超声波清洗，再用 30 目的白刚玉对试样喷涂面进行喷砂粗化处理。

燃料流量、氧气流量、喷涂距离和送粉速率等关键性工艺参数直接影响超音速热喷涂涂层的性能。为了精确寻找到良好的喷涂工艺，制备出高性能涂层，采用正交试验法对这几个关键的工艺参数进行优化。

1. 正交优化试验

选取煤油流量、氧气流量、送粉量、喷涂距离作为正交设计四因素，每因素选用三水平。具体正交试验工艺表如表 4.1 所示。

表 4.1　　**HVOF 喷涂 WC-10Co4Cr 涂层正交工艺表**

序号	工艺参数			
	煤油流量/(L/h)	氧气流量/(m^3/h)	送粉量/(g/min)	喷涂距离/mm
1	22	50	60	360
2	22	52	80	380
3	22	54	100	400
4	24	50	80	400
5	24	52	100	360
6	24	54	60	380
7	26	50	100	380
8	26	52	60	400
9	26	54	80	360

2. 优化工艺参数

经过对涂层的关键性能测试分析，以及结合正交优化分析，得到以下 4 组优化后的工艺参数，本试验采用这四种工艺参数进行进一步研究，见表 4.2。

表 4.2　　**HVOF 喷涂 WC-10Co4Cr 涂层优化后工艺参数**

序号	煤油流量/(L/h)	氧气流量/(m^3/h)	送粉量/(g/min)	喷涂距离/mm
1	22	52	100	380
2	24	52	100	380
3	24	54	100	380
4	26	54	100	380

3. 涂层性能测试分析方法

采用德国蔡司 Supra55 型扫描电子显微镜观察涂层表面及截面的微观形貌，并用能谱仪（EDS）对涂层进行成分分析。用 HXD-1000TMC 型显微硬度计测定从基体和涂层表面的显微硬度值，测定载荷为 200g，保载时间 15s。采用 KMM-500 金相分析仪测试试样涂层的孔隙率，测量 6 个视场取平均值。用 WDW-100A 型万能试验机，按照 GB/T 8642—2002 标准测定涂层与基体的结合强度。采用标准三电极体系，环氧树脂封装后的试样作为工作电极，铂片作为辅助电极，饱和甘汞电极（SCE）作为参比电极，在 25℃的 3.5%NaCl 溶液中进行动电位极化曲线测试。动电位扫描范围为−100～100mV（相对于开路电位），扫描速率为 0.5mV/s。

用 HT-1000 球-盘式磨损试验机测试基体与涂层的摩擦磨损性能，干摩擦条件，法向载荷 10N，回转半径 5mm，转速为 560r/min，磨损时间 150min。采用直径为 3mm，表面粗糙度 $Ra=0.05\mu m$，硬度 HRC77 的 Si_3N_4 小球作为摩擦副。试验条件为室温（25℃±4℃）。用 LE225D 型电子分析天平（精确度为 0.01mg）称量试验前后试样重量以求磨损失重。采用扫描电镜（SEM）对磨痕微观形貌、磨损机理及化学成分进行分析。用 LTM－200 料浆冲蚀磨损试验机对涂层进行耐冲蚀试验，泥沙浓度为 40%（质量百分比），试验时间为 10h。采用精度为 0.0001mg 的分析天平称量试样冲蚀磨损量。采用扫描电镜（SEM）对冲蚀痕微观形貌、冲蚀磨损机理进行分析。

4.2　涂 层 性 能 分 析

4.2.1　表面形貌与微观结构

通过扫描电子显微镜观察涂层表面微观行吗，可以直观的观察涂层粒子的熔融状态。图 4.2 为 1 号、2 号、3 号、4 号工艺下 HVOF 喷涂 WC－10Co4Cr 涂层的典型表面形貌，SEM 图片显示，在 2 号工艺条件下，涂层表面存在较大的颗粒状状，涂层粒子的扁平化程度不高。8 号工艺下涂层的 SEM 图片显示，涂层中的粒子熔融较为充分，且粒子扁平化程度高，铺展性好。

1号　　2号

3号　　4号

图 4.2　WC－10Co4Cr 涂层的表面微观形貌

图 4.3 为 WC－10Co4Cr 涂层的横截面的高倍 SEM 形貌图。从图中可以看出，超音速火焰喷涂制备的 WC－10Co4Cr 涂层均匀，无明显分层现象。在高倍放大的显微组织中，浅灰色多边形颗粒为 WC 颗粒，四周包裹着颜色较深的黏结相基体。WC 硬质颗粒镶嵌在熔化良好的金属基体中。硬质相的存在确保了涂层能够具有良好的硬度；CoCr 金属作为涂层中的黏结相，将 WC 颗粒紧密地黏结在一起，给涂层提供了良好的韧性。在高倍放大组织中还可明显观察到涂层存在少量孔洞，但孔隙率较低。

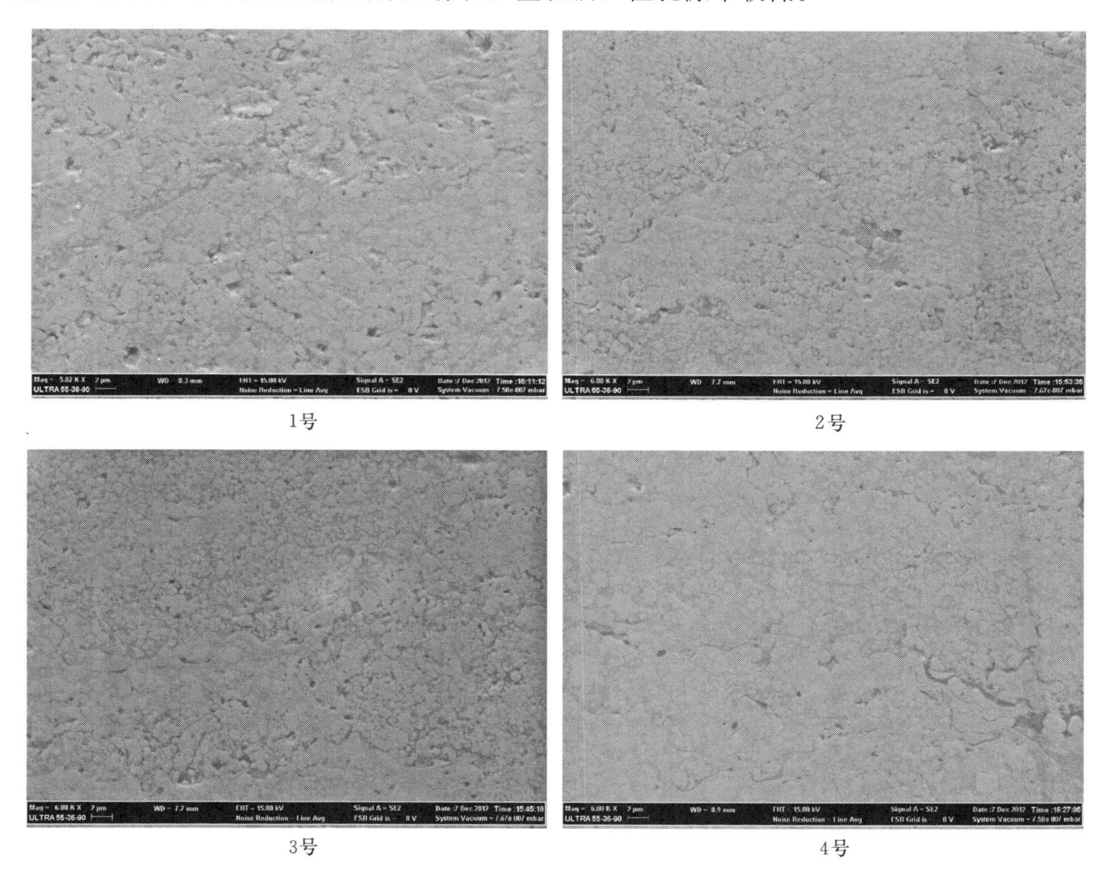

1号　2号　3号　4号

图 4.3　WC－10Co4Cr 涂层的横截面 SEM 形貌图

图 4.4 为 4 种工艺下 WC－10Co4Cr 涂层的 XRD 图谱。从图谱中发现，不同工艺下制备的涂层的相组成一致，主要有 WC 硬质相和纯 Co 相，以及少量的 W_2C 相。涂层中 WC 相为主相，但也存在较弱的 W_2C 相的衍射峰，说明在喷涂过程中，WC 相发生的分解脱碳，形成了 W_2C 相。W_2C 相硬度高，但脆性较大，其存在不利于涂层的耐磨性能，是喷涂过程中所应尽量避免的[12-14]。

4.2.2　孔隙率分析

采用金相分析法通过金相分析仪以及专用的孔隙率测试分析软件测试试样涂层的孔隙率，测量 6 个视场取平均值作为涂层的孔隙率。试验测得的涂层孔隙率如表 4.3 所示。

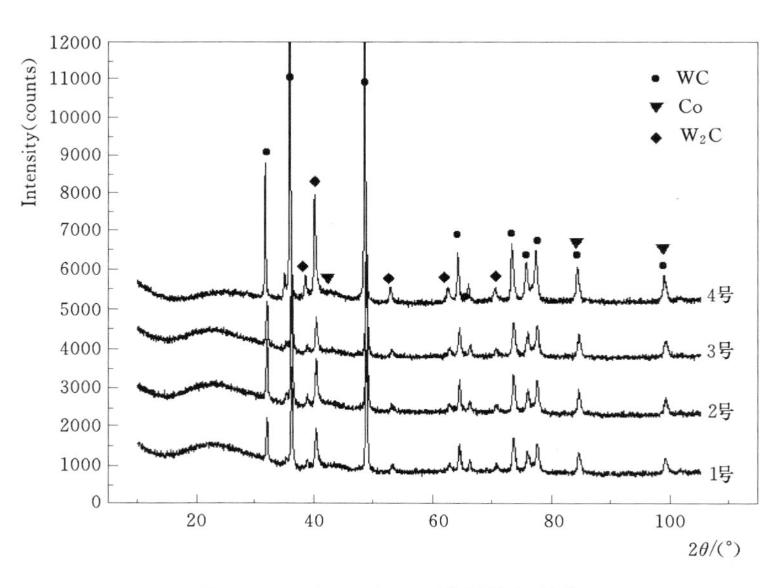

图 4.4　WC－10Co4Cr 涂层的相结构

表 4.3　WC－10Co4Cr 涂层的孔隙率

试样编号	1 号	2 号	3 号	4 号
均孔隙率	0.54%	0.69%	0.55%	0.62%

由 WC－10Co4Cr 涂层的孔隙率测试结果显示，涂层具有很低的孔隙率，孔隙率均<1%。超音速火焰喷涂的火焰速度高，可以使粉末粒子获得高的速度。在喷涂过程中可以对基体产生的作用力强，撞击基体后粒子偏平化，有利于粒子与基体及粒子与粒子之间的结合，获得低孔隙率涂层。通过控制喷涂的工艺参数，使得在喷涂过程中金属粒子获得良好、充分的熔融可以实现更低的孔隙率。

4.2.3　显微硬度分析

图 4.5 为 HVOF 喷涂 WC－10Co4Cr 涂层的显微硬度，试验数据显示，涂层的显微硬度均达到 1300$HV_{0.2}$ 以上，是基体的 4 倍以上，因此可以大幅提高基体表面的物理性能。涂层的高硬度主要是 WC 颗粒所起的作用。WC 具有极高的硬度，在超音速火焰喷涂过程中，除少量发生脱碳分解外，涂层的 WC 颗粒的组织和形态基本得到了保留，因而涂层具有较高的硬度。通常材料的硬度越高，其耐磨性能越好，WC－10Co4Cr 涂层的平均硬度均远高于基体的表面硬度，有利于涂层的耐磨性能。

4.2.4　结合强度分析

表 4.4 为 WC－10Co4Cr 涂层的结合强度值，数据显示，HVOF 制备的 WC－10Co4Cr 涂层的结合强度高，高达 75MPa 以上。而且在测试过程中，由于粘胶等条件的限制，拉伸断裂时为胶断，而不是涂层与基体或者涂层内部断裂，说明涂层的结合强度要大于测量值。

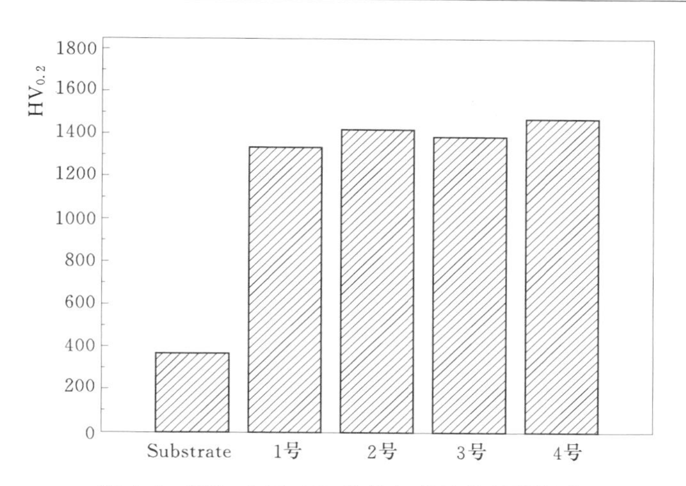

图 4.5 WC－10Co4Cr 涂层与基体的显微硬度

表 4.4　　WC－10Co4Cr 涂层的结合强度

试样编号	1 号	2 号	3 号	4 号
结合强度	72MPa（胶断）	70MPa（胶断）	75MPa（胶断）	70MPa（胶断）

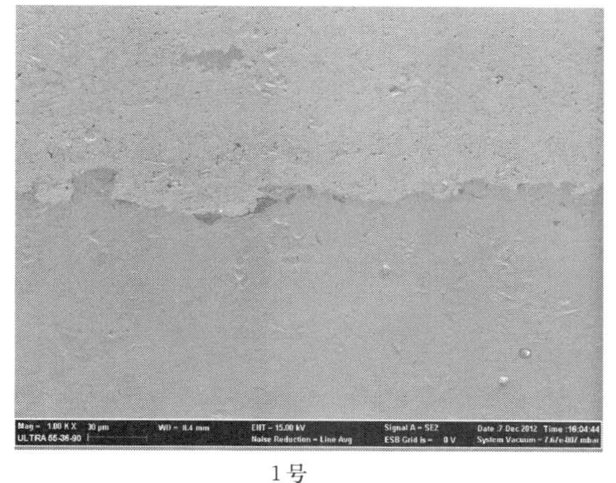

1号

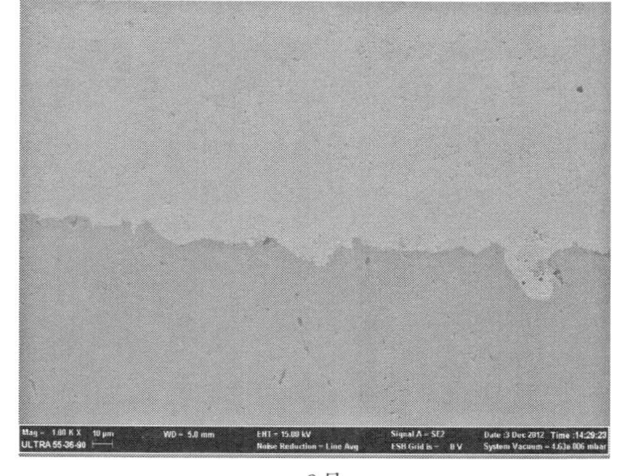

2号

3号

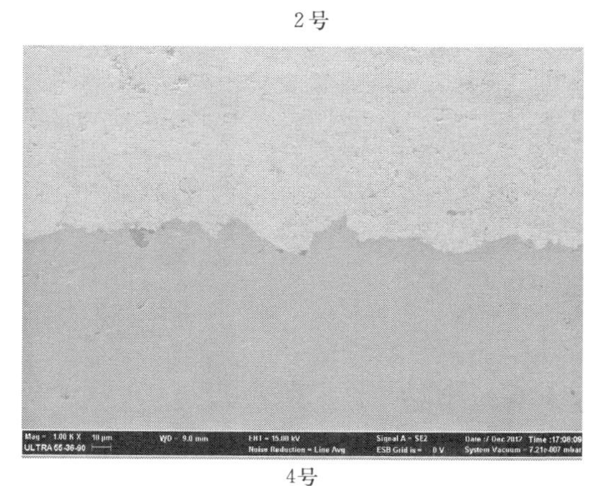

4号

图 4.6 WC－10Co4Cr 涂层与基体界面形貌

图 4.6 为 HVOF 制备的 WC-10Co4Cr 涂层与基体的界面典型形貌图，从图中可以看出，涂层与基体结合较好，在界面上没有大的孔隙和裂纹。涂层和基体的结合处普遍以锯齿形存在，涂层的结合强度与层间界面、基体表面状态有关。基体表面一定的粗糙度有利于提高涂层的结合强度，因此锯齿界面有助于提高涂层与基体的结合强度。喷涂时粒子以极高的动能冲击到基体表面，使得涂层呈现有利于提高结合强度的压应力。并且涂层中 Co 相、Cr 相作为粘接相，将涂层牢固地结合在一起，获得极高的结合强度。

4.2.5　耐腐蚀性能分析

通过电化学腐蚀测试分析方法对 HVOF 制备的 WC-10Co4Cr 涂层进行耐腐蚀性能的评价。采用电化学工作站进行电化学腐蚀试验，得到涂层的腐蚀电位、电流及电化学曲线等，通过对这些数据的分析，可以得到涂层的耐腐蚀性能，见表 4.5。

表 4.5　　WC-10Co4Cr 涂层的腐蚀电位及电流

试样编号	1 号	2 号	3 号	4 号	基体
腐蚀电位及电流 E_0/V	-0.2986	-0.2931	-0.2826	-0.2879	-0.2679
i_{corr} ($\times 10^{-7}$ A/cm^2)	10.8	7.4	5.04	6.00	4.00

从不锈钢基体与 WC-10Co4Cr 涂层的自腐蚀电位及自腐蚀电流数据可知，涂层的自腐蚀电位要略低于不锈钢，自腐蚀电流密度要略大于不锈钢，说明涂层的腐蚀倾向要大于不锈钢，腐蚀速率要快于不锈钢，但也基本接近基体不锈钢。从电化学腐蚀数据上可以看出，WC-10Co4Cr 涂层具有接近于基体不锈钢的良好耐电化学腐蚀性能，见图 4.7。

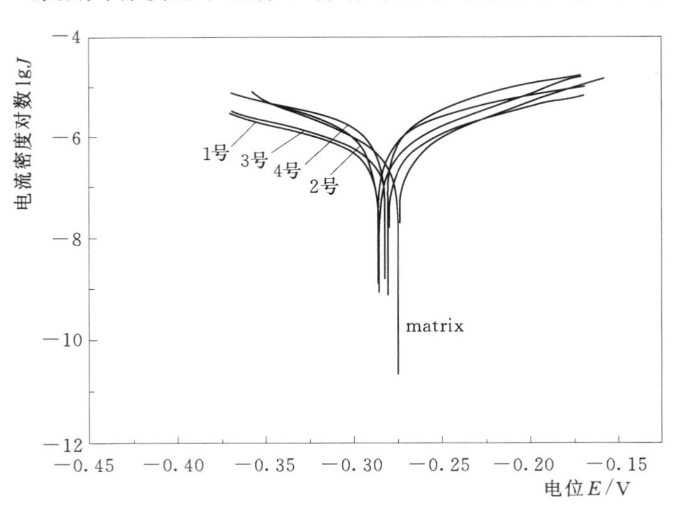

图 4.7　WC-10Co4Cr 涂层电化学曲线

4.2.6　耐磨损性能分析

表 4.6 为试验 3h 后涂层的摩擦磨损失重量。从中可知，与基体不锈钢相比，WC-10Co4Cr 表现出优良的耐磨损性能。4 号工艺下涂层的磨损失重最小，仅为 0.00042g，是

基体不锈钢磨损失重的1/140以下。

表4.6 WC－10Co4Cr涂层的摩擦磨损失重量

试样编号	1号	2号	3号	4号	基体
磨损量值/g	0.00069	0.00073	0.00062	0.00042	0.06020

从图4.8中可以明显看出，经过摩擦磨损试验后，涂层与基体的表面形貌存在巨大的差异，涂层表面仅为轻微的磨痕，而基体则被磨出一道很深的凹槽。

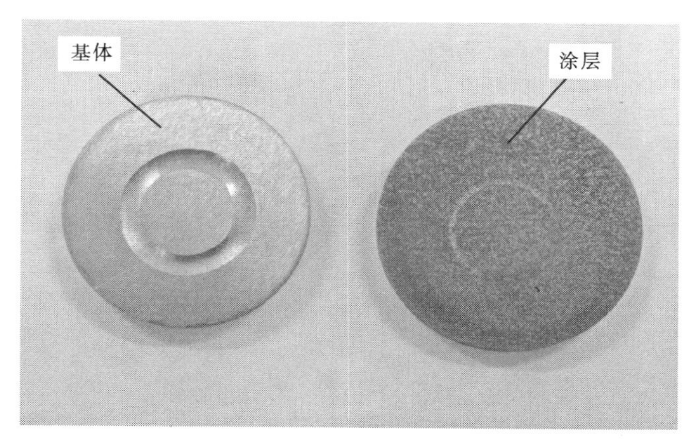

图4.8 涂层与基体的摩擦磨损对比照片

图4.9为WC－10Co4Cr涂层摩擦系数随时间变化曲线。摩擦磨损曲线出现明显的两个阶段，即跑和阶段和稳定阶段。摩擦初期，两条曲线的摩擦系数随时间急剧增加到某一值，这是因为对磨材料Si_3N_4小球与试样表面刚接触时，试样表面存在许多微凸体，实际接触面积远远小于名义接触面积，在微观应力的作用下微凸体的形变使得摩擦阻力增加。WC－10Co4Cr涂层表面接触面积随时间变化逐渐增大，随后摩擦系数趋于稳定，平均摩擦系数为0.5左右[15-17]。

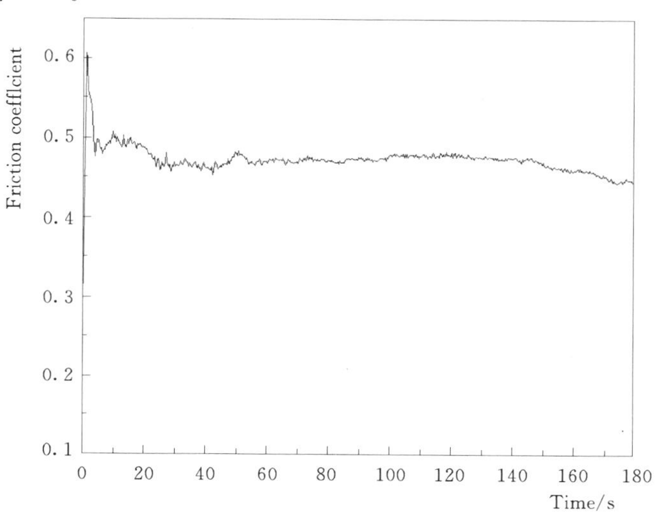

图4.9 WC－10Co4Cr涂层典型摩擦磨损试验系数曲线

图 4.10 为选取的 WC－10Co4Cr 涂层典型的摩擦磨损微观形貌。通过 SEM 观察涂层在形貌上出现明显的“犁沟”和“凹坑”现象，表现出明显的磨粒磨损机制。涂层中的 WC 硬质相硬度高，而 CoCr 黏结相的硬度较低，在摩擦副的作用下，黏结相会首先受到微切削和挤压作用，进而被切削掉形成犁沟。由于摩擦副以相对运动形式掠过涂层表面，使得大多数犁沟方向与摩擦副运动方向一致。黏结相的切除使得 WC 硬质颗粒逐渐裸露在表面，在随后摩擦副的周期作用下，WC 硬质颗粒被碾碎、破裂，或者松动、剥落，进而形成小凹坑。HVOF 制备的涂层显微硬度高，高显微硬度阻碍磨粒对涂层的切削作用，有利于涂层的抗磨损性能[15-18]。

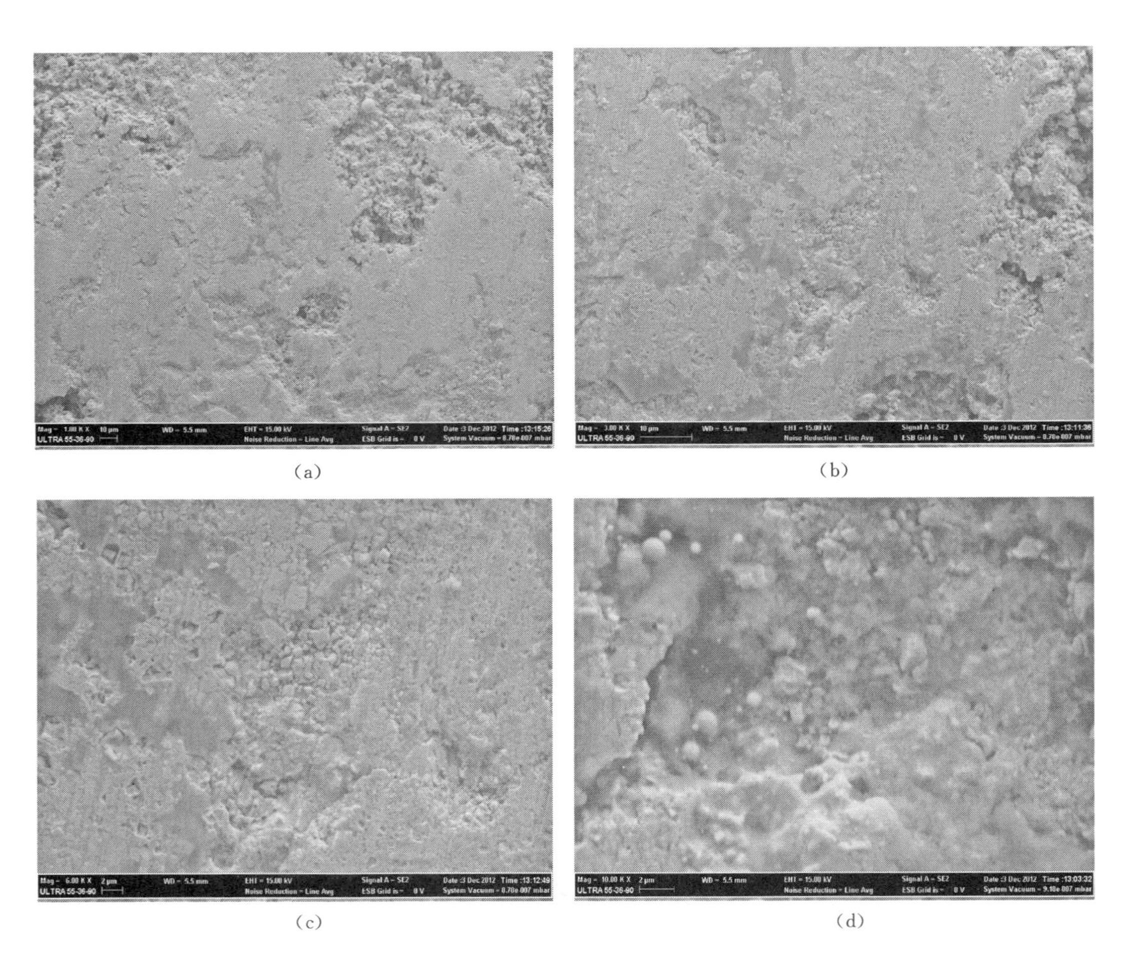

图 4.10　WC－10Co4Cr 涂层表面摩擦磨损微观形貌
(a)、(b)、(c) 不同部位的摩擦形貌；(d) 磨损形貌局部放大图

4.2.7　耐冲蚀性能分析

本书采用 LTM－200 料浆冲蚀磨损试验机对涂层进行耐冲蚀试验。为了模拟高泥沙地区的冲蚀情况，研究采用的泥沙浓度为 40%（质量百分比），用精度为 0.0001mg 的分

析天平称量试样冲蚀磨损量，对涂层的耐冲蚀性能进行评价。

表 4.7 为 WC－10Co4Cr 涂层的冲蚀失重量情况。数据显示，基体不锈钢的冲蚀失重达 0.26672g。与基体不锈钢相比，WC－10Co4Cr 的冲蚀失重较小，在 4 号工艺下制备的涂层冲蚀失重量最小，仅为基体失重量的 1/8 以下。失重的大小和其本身的抗冲蚀磨损性能能有很大关联，失重越小，则表明在含泥沙水流的不断作用下磨损量较小，其表面的抗冲蚀磨损性能较好。而失重越大，则表明其表面的磨损量大，其抗冲蚀磨损性较差。因此，从同等的试验条件下，WC－10Co4Cr 表现出优良的耐磨损性能。

表 4.7　　WC－10Co4Cr 涂层的冲蚀失重量

试样编号	1 号	2 号	3 号	4 号	基体
冲蚀失重量/g	0.04226	0.04013	0.03740	0.03246	0.26672

图 4.11　WC－10Co4Cr 涂层与基体的冲蚀对照图

在高速旋转下，含沙泥浆对试样表面进行快速冲刷，在图 4.11 及图 4.12 中可以清晰地看到泥沙对涂层表面冲刷的痕迹。沙粒对涂层表面产生冲蚀作用并形成的犁沟，涂层中主要为硬质相 WC 和 CoCr 黏结相，由于 CoCr 黏结相硬度较低，而沙粒硬度较大，会对 CoCr 黏结相造成严重的犁削作用，导致 WC 颗粒裸露在涂层表面，图中灰白色颗粒就是冲蚀作用后裸露在外的 WC 颗粒。裸露在外的 WC 颗粒由于缺乏黏结相的黏结，在受到沙粒的不断切削和撞击作用下发生脱落。随着黏结相的切削和 WC 颗粒的不断脱落，造成涂层的磨损。由于含沙的运动具有方向性，使得涂层表面的犁沟也呈现出一定的规律性和方向性，即沿着含沙水流线速度矢量的方向。在高倍下观察发现，涂层在含砂水流的冲蚀作用下形成裂纹，由于含沙水流运动速度较快，会不断地对涂层表面会造成切削和撞击作用，而涂层的粒子结合又主要是以机械结合为主，在切削和撞击的外应力作用下，涂层内部的孔隙和微裂纹成为裂纹源，并随着外应力的不断作用而沿着涂层的薄弱区扩展形成裂纹。涂层表面还存在坑洞，随着裂纹进一步扩展和传播，造成了涂层间的断裂并剥落，涂层断裂后形成了涂层表面的坑洞[19-21]。

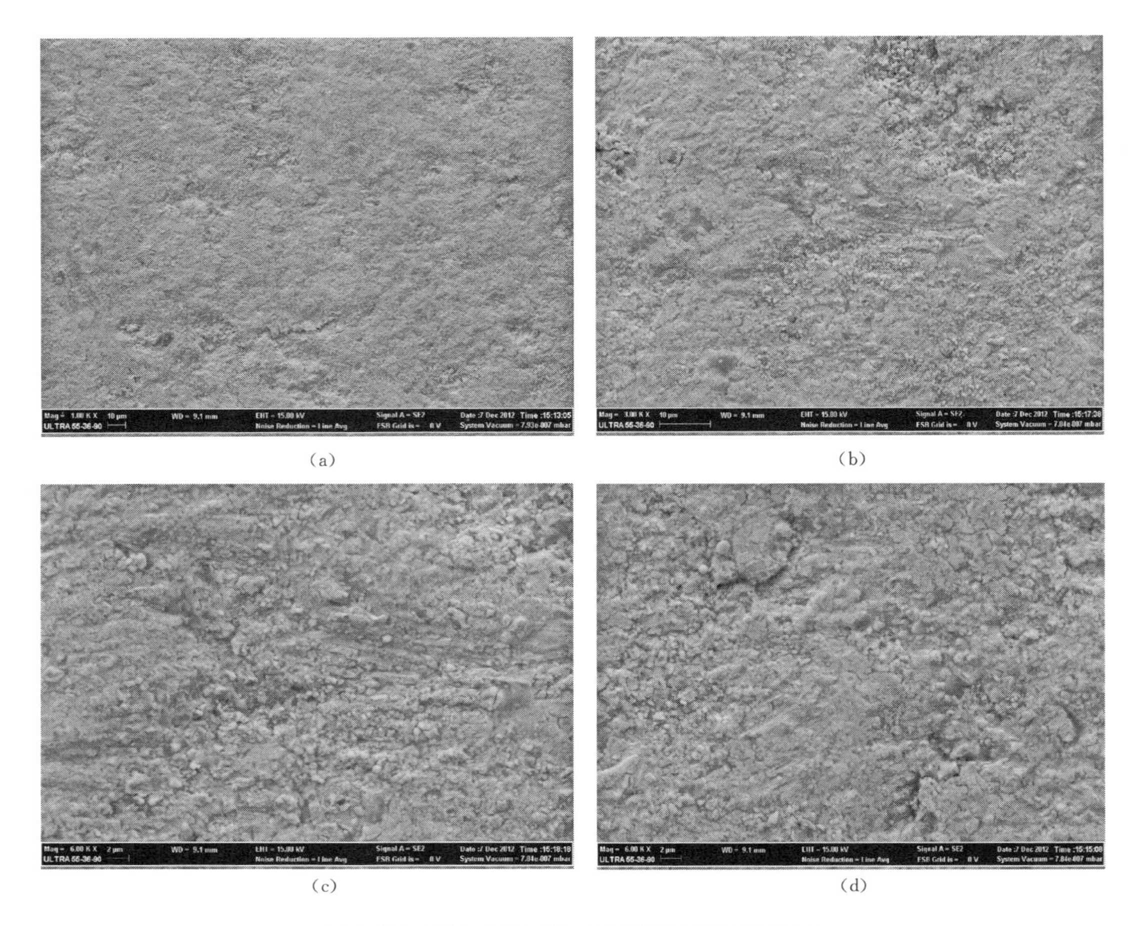

图 4.12　WC－10Co4Cr 涂层表面冲蚀微观形貌

4.3　WC 耐磨涂层的应用

磨损是机械零部件的主要失效形式之一，约有 70%～80%的设备损坏是由于各种各样的磨损引起的，造成了巨大的经济损失。热喷涂 WC－Co 涂层具有高硬度、良好的抗震特性、热膨胀系数小、化学稳定性好及摩擦因数小等特点，是热喷涂技术制备的最具应用价值的碳化物金属陶瓷涂层之一，目前已广泛应用于航空航天、石油化工、冶金、水力机械等领域。

1. WC 涂层在航空航天领域的应用

航空发动机中的零部件工作环境恶劣，受到严重的磨损。据英国服公司统计，1976 年前发动机的 60%的零部件因磨损而报废，利用热喷涂 WC－Co 耐磨涂层对零部件进行表面防护后，报废率降到 30%。目前 WC－Co 耐磨涂层在航空发动机的轴承套、压缩机叶片、压缩机静子叶片等零部件进行了大量应用。除除了航空发动机外，飞机的其他零部件也大量采用热喷涂 WC－Co 涂层进行防护。如超音速火焰喷涂 WC－Co（WC－17Co、

WC－10Co4Cr）涂层替代电镀铬镀层防护和强化起落架，采用WC－17Co涂层对直升机主旋翼轴的耐磨强化等，见图4.13。

图4.13 WC耐磨涂层在飞机起落架上的应用

2. WC涂层在钢铁冶金行业的应用

在冶金行业，许多钢铁冶金设备在高温、高载荷及腐蚀的恶劣环境下工作，存在严重的磨损和腐蚀现象，造成大量的冶金设备失效报废，如各类轧辊、输送辊等。以输轧辊为例，在冶金生产线使用了大量的轧辊。采用热喷涂WC－Co涂层对辊表面进行防护，可以有效提高其耐磨损性能，延长使用寿命，见图4.14。

图4.14 WC耐磨涂层在冶金行业的应用

3. WC涂层在水利水电领域的应用

在水力机械（包括水轮机、水泵等）方面，热喷涂WC－Co涂层也存在着广泛的应用前景。我国的河流泥沙含量大，特别是西北地区，泥沙浓度高，且多为石英沙，硬度高，会对水轮机、泵站等过流部件产生严重的冲蚀作用，造成设备运行效率低、寿命段，严重影响到机组的稳定性和运行安全，并带来巨大经济损失。热喷涂WC－Co涂层具有结合强度高、耐磨性能优良等特点，可以有效抵抗泥沙的强烈冲刷和磨损，提高水轮机等水力机械的使用寿命，见图4.15和图4.16。

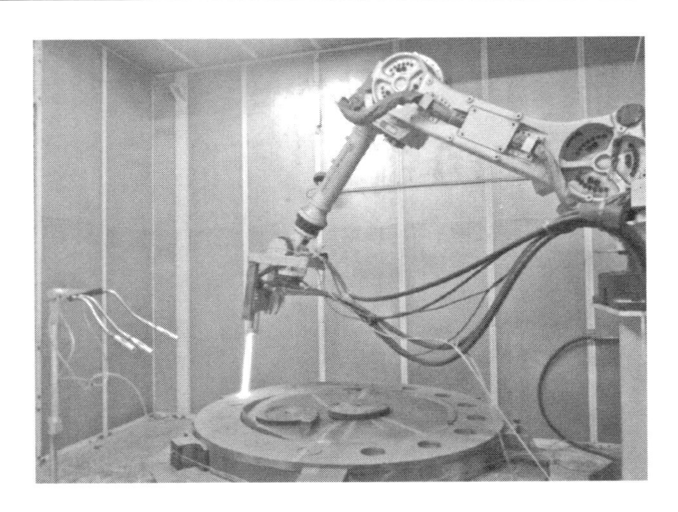

图 4.15　WC 耐磨涂层在水轮机抗磨板上的应用

图 4.16　WC 耐磨涂层在水泵关键零部件上的应用

图 4.17　WC 耐磨涂层在直径 1.6m 的大型球阀上的应用

4. WC涂层在水利大型球阀上的应用

在高泥沙河流中，水利大型球阀，容易被石英砂等破坏，导致不能密封，并随着使用时间的增加，会逐渐严重，甚至报废。通过超音速热喷涂 WC-CoCr 涂层，可以对大型球阀起到良好的防护作用，可以大幅提高其使用性能，并且延长其使用寿命10～15倍。见图4.17。

4.4 小结

利用超音速火焰喷涂技术制备 WC-Co 涂层，其显微硬度可达1200HV0.以上，涂层的结合强度在70MPa以上，最高可大75MPa，涂层的孔隙率远小于1%。WC-Co 涂层具有优良的力学性能。通过对涂层的摩擦磨损试验和冲蚀试验分析可知，涂层的磨损失重和冲蚀失重都远小于基体不锈钢，涂层表现出优异的耐磨性能和抗冲蚀性能。

参考文献

[1] 王志平，刘佳，丁坤英，等.HVOF喷涂 WC-Co 涂层替代电镀硬铬研究［J］. 中国民航大学学报，2008，26（Z）：145-147.

[2] MA N, GUO L, CHENG Z X, WU H T, YE F X, ZHANG K K. Improvement on mechanical properties and wear resistance of HVOF sprayed WC-12Co coatings by optimizing feedstock structure [J]. Applied Surface Science, 2014, 320 (30): 364-371.

[3] PICAS J A, RUPÉREZ E, PUNSET M, FORN A. Influence of HVOF spraying parameters on the corrosion resistance of WC-CoCr coatings in strong acidic environment [J]. Surface and Coatings Technology, 2013, 225: 47-57.

[4] 万伟伟，沈婕，高峰，等.喷涂角度对 HVOF 喷涂 WC-10Co4Cr 涂层性能的影响［J］. 热喷涂技术，2011，3（1）：48-51.

[5] 徐滨士，李长久，刘世参，等.表面工程与热喷涂技术及其发展［J］. 中国表面工程，1998，11（1）：3-9.

[6] Irons G, Kr atochvil W. Thermal spr ay alternativ es for electroplated chrome [J] . Journal of Thermal Spray, 1996, 5 (1) : 41-44.

[7] Cho J E, Hw ang S Y, Kim K Y. Corrosion behavior of thermal sprayed WC cermet coatings having various metallic binders in strong acidic environment [J]. Surface and Coating Techno logy, 2006, 200 (8) : 2653-2662.

[8] 樊自栓，孙冬柏，余宏英，等.超音速火焰喷涂技术研究进展［J］. 材料保护，2004，22（2）：33-35.

[9] Li Songlin, Xiang Jintao, Zhou Wuxi, Li Yuxi, Chen Wen. Sliding wear behavior of high velocity oxy-fuel sprayed WC-10CO4Cr coatings [J]. The Chinese Journal of Nonferrous Metals, 2012, 22 (5): 1371-1376.

[10] VENTER A M, OLADIJO O P, LUZIN V, CORNISH L A, SACKS N. Performance characterization of metallic substrates coated by HVOF WC-Co [J]. Thin Solid Films, 2013, 549: 330-339.

[11] DING Z X, CHEN W, WANG Q. Resistance of cavitation erosion of multimodal WC-12Co coatings sprayed by HVOF [J]. Transactions of Nonferrous Metals Society of China, 2011, 21 (10): 2231-2236.

[12] WANG L J, QIU P X, LIU Y, ZHOU W X, GOU G Q, CHEN H. Corrosion behavior of thermal sprayed WC cermet coatings containing metallic binders in saline environment [J]. Transactions of Nonferrous Metals Society of China, 2013, 23 (9): 2611-2617.

[13] 王群，等．超音速火焰喷涂碳化钨-钴涂层磨粒磨损行为 [J]. 中国有色金属学报，2015，25 (7)：1920-1928.

[14] 倪继良，程涛涛，丁坤英，王志平．WC 粒度对 WC-10Co4Cr 涂层磨粒磨损性能的影响 [J]. 材料保护，2013，46 (1)：19-21.

[15] WANG Q, CHEN Z Z, LI L X, YANG G B. The parameters optimization and abrasion wear mechanism of liquid fuel HVOF sprayed bimodal WC-12Co coating [J]. Surface and Coatings Technology, 2012, 206 (8/9): 2233-2241.

[16] GAHR K H Z. Microstructure and wear of materials [M]. Amsterdam: Elsevier Science Publishers, 1987: 340-345.

[17] 李松林，向锦涛，周伍喜，等．超音速火焰喷涂 WC-10Co4Cr 涂层的耐滑动磨损行为 [J]. 中国有色金属学报，2012，22 (5)：1371-1376.

[18] JOSEPH H T, ALBANY O. ASM handbook (Vol. 18): Friction, lubrication and wear technology [M]. USA: ASM International, 1992: 353.

[19] Fedrizzi L, Rossi s, CristeI R, et al. Corrosion and wear behaviour of HVOF cermet coatings used to repIace hard chromium [J]. EIectrochimica Acta, 2004, 49: 2803-2814.

[20] 王志平，等．超音速火焰喷涂涂层抗高温氧化和耐冲蚀性能 [J]. 焊接学报，2005，26 (12)：6-8.

[21] Machio C N, Akdogan G, Witcomb M J. Performance of WC-VCCo thermaI spray coatings in abrasion and sIurry erosion tests [J]. Wear, 2005, 258: 434-442.

第5章　Cr_3C_2耐磨耐腐蚀涂层制备及性能研究

近年来随着热喷涂技术在航空航天、机械电子、电力能源和石油化工等领域应用的日益广泛，对热喷涂材料及应用的研究越来越引起各国的重视。特别是在高温条件下的抗腐蚀耐磨损涂层的应用占50%以上。如一些暴露在高温腐蚀气体环境中的部件，其材料除了需优良的抗腐蚀性能外，还必须具有良好的抗高温氧化性能。Cr_3C_2是一种耐磨耐腐蚀和抗高温氧化的新型硬质合金，具有较低的熔点和密度，其常温硬度和热硬度高，抗氧化性好，在空气中要在1100～1400℃才会严重氧化，Cr_3C_2还具有很强的耐蚀性和耐磨性，在稀硫酸溶液中是1Cr18Ni9Ti不锈钢耐蚀性的30倍，而在蒸汽中则是Co-WC合金的50倍，被称为“硬质合金中的不锈钢”。纯Cr_3C_2粉末喷涂层的附着力差，通常与NiCr合金复合形成Cr_3Cr-NiCr作为高温复合粉末组分来使用。将NiCr包覆Cr_3C_2可减少失C的可能性，增加粉末的沉积率。NiCr合金本身通常选用80%Ni20%Cr，而粉末中NiCr合金的含量，可由0增至50%，随着NiCr比例的增大，涂层的韧性加大，但硬度随之降低，耐磨性较差，要得到性能较好的涂层，其Cr_3C_2与NiCr的比例要恰当。常用的粉末成分主要有Cr_3C_2-25NiCr、Cr_3C_2-20NiCr、Cr_3C_2-10NiCr、Cr_3C_2-7NiCr等。

热喷涂Cr_3C_2-NiCr涂层具有良好的耐磨耐腐性能和抗高温氧化性能，其工作温度可达450～900℃，在高温环境下的抗磨损抗腐蚀等具有广泛的应用价值。

5.1　方　案　设　计

5.1.1　试验材料及方法

本文采用Cr_3C_2-25NiCr粉末作为喷涂材料，粉末粒度为15～45μm。喷涂试样的基体材料为水力机械常用材料0Cr13Ni5Mo高强不锈钢。试样喷涂前，用丙酮和乙醇对表面进行超声波清洗，再用30目的白刚玉对试样喷涂面进行喷砂粗化处理。

5.1.2　工艺方案

1. 正交优化试验

本书采用HV50煤油超音速火焰喷涂设备，喷涂粉末采用Cr_3C_2-25NiCr粉末，粉末粒度为15～45μm。采用正交设计进行试验，选取煤油流量、氧气流量、送粉量、喷涂距离作为正交设计四因素，每因素选用三水平。具体正交试验工艺表如表5.1所示：

表 5.1　HVOF 喷涂 Cr_3C_2 – NiCr 涂层正交工艺参数表

序号	工艺参数			
	煤油流量/（L/h）	氧气流量/（m^3/h）	送粉量/（g/min）	喷涂距离/mm
1	20	46	44	340
2	20	48	52	360
3	20	50	60	380
4	22	46	52	380
5	22	48	60	340
6	22	50	44	360
7	24	46	60	360
8	24	48	44	380
9	24	50	52	340

2. 优化工艺参数

经过对涂层的关键性能测试分析，以及结合正交优化分析，得到以下 3 组优化后的工艺参数，本试验采用这四种工艺参数进行进一步研究。具体参数见表 5.2 所示。

表 5.2　HVOF 喷涂 Cr_3C_2 – NiCr 涂层优化后工艺参数

序号	煤油流量/（L/h）	氧气流量/（m^3/h）	送粉量/（g/min）	喷涂距离/mm	煤油流量/（L/h）
1 号	20	46	44	340	20
2 号	22	46	52	380	22
3 号	24	46	60	360	24

3. 涂层性能测试分析方法

将喷涂后的试样进行线切割加工成 15mm×10mm×5mm 的金相试样和 ϕ10mm×5mm 的磨损试样。采用德国蔡司 Supra 55 型扫描电子显微镜观察涂层表面及截面的微观形貌，并用能谱仪（EDS）对涂层进行成分分析。用 HXD – 1000TMC 型显微硬度计测定从基体和涂层表面的显微硬度值，测定载荷为 200g，保载时间 15s。采用 KMM – 500 金相分析仪测试试样涂层的孔隙率，测量 6 个视场取平均值。用 WDW – 100A 型万能试验机，按照 GB/T 8642—2002 标准测定涂层与基体的结合强度。

用 HT – 1000 球-盘式磨损试验机测试基体与涂层的摩擦磨损性能，干摩擦条件，法向载荷 10N，回转半径 5mm，转速为 560r/min，磨损时间 150min。采用直径为 3mm，表面粗糙度 Ra＝0.05μm，硬度 HRC77 的 Si_3N_4 小球作为摩擦副。试验条件为室温（25℃±4℃）和高温（400℃±4℃）。用 LE225D 型电子分析天平（精确度为 0.01mg）称量试验前后试样重量以求磨损失重。采用扫描电镜（SEM）对磨痕微观形貌、磨损机理及化学成分进行分析。

5.2 涂层性能分析

5.2.1 表面形貌与微观结构

图 5.1 为 1 号、2 号、3 号工艺下超音速火焰喷涂制备的 Cr_3C_2 - NiCr 涂层的表面微观形貌，在低倍下观察，涂层表面较为平整。在高倍下观察发现，涂层由熔融状态的粉末和未熔融或半熔融状态的粉末构成。部分熔融粉末经高速撞击表面沉积后，发生一定变形。但 Cr_3C_2 颗粒相的熔点高，在喷涂过程中难以完全熔融，这些未熔或半熔状态的粒子撞击表面后不能充分扁平化，造成许多孔洞，降低涂层的致密度，不利于涂层的结合强度。

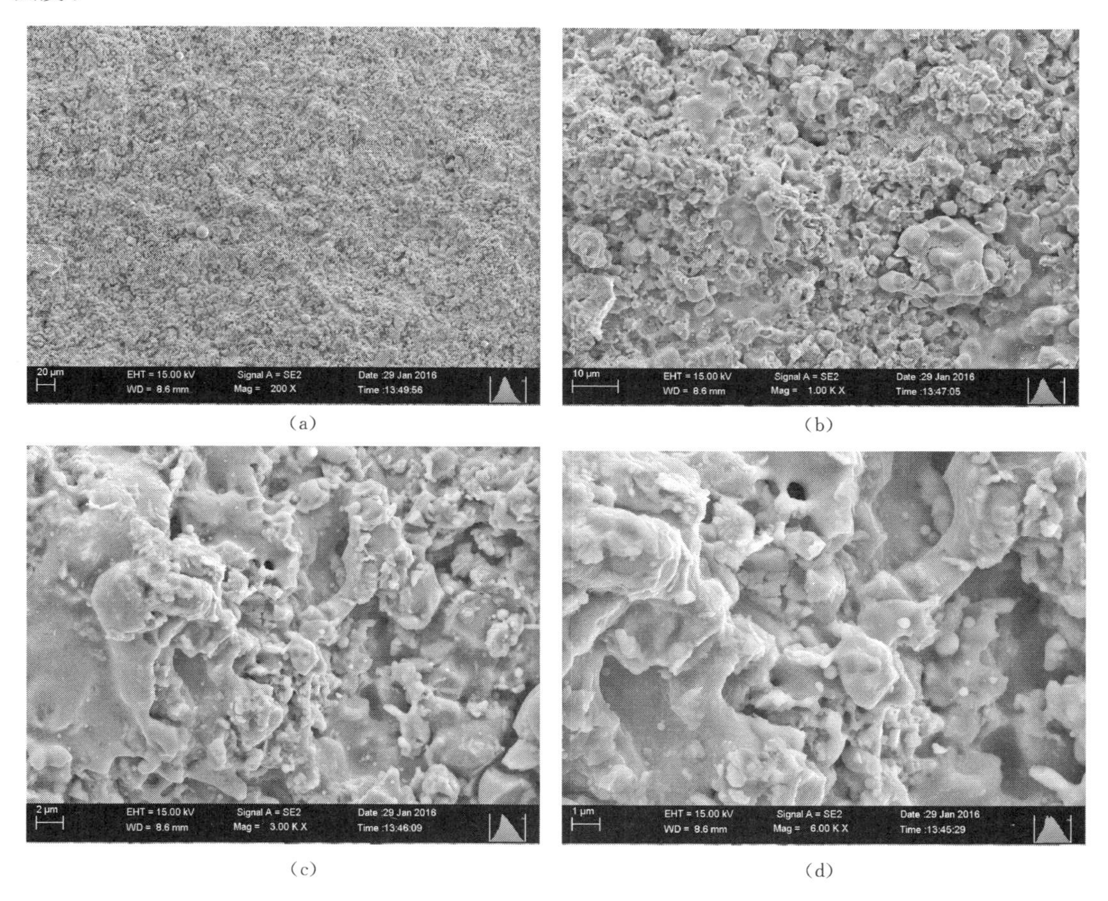

图 5.1 Cr_3C_2 - NiCr 涂层的表面微观形貌

(a) 200 倍；(b) 1000 倍；(c) 3000 倍；(d) 6000 倍

利用扫描电子显微镜观察制备的 Cr_3C_2 - NiCr 涂层显微组织。图 5.2 为 3 种工艺下制备的 Cr_3C_2 - NiCr 涂层截面 SEM 图，从图中可以看出，层组织中存在少量孔洞等缺陷，3 号工艺条件下制备的涂层孔隙率最小，致密的好。在高倍下观察涂层微观组织，涂层中

深灰色为 Cr_3C_2 颗粒，浅白色组织为 NiCr 合金。Cr_3C_2 颗粒均匀地分布在 NiCr 组织中。

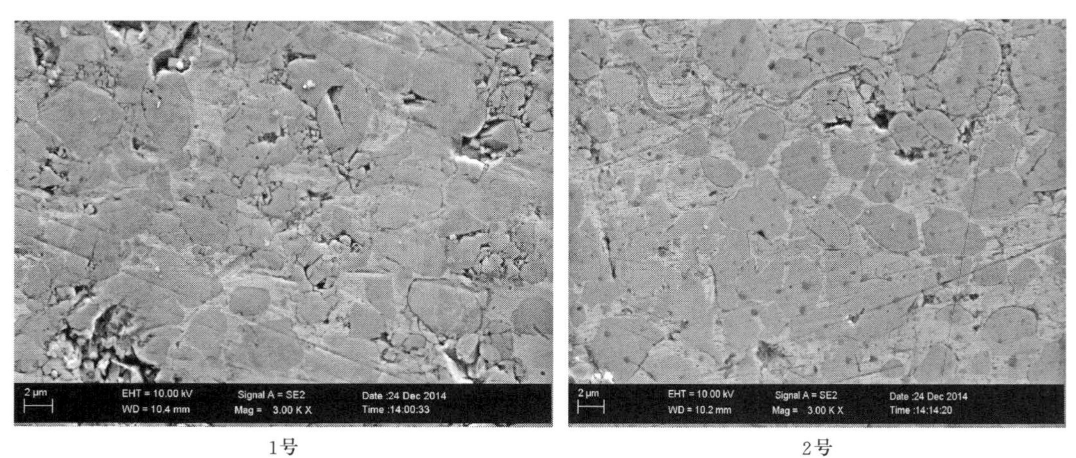

1号　　　　2号

3号

图 5.2　Cr_3C_2 - NiCr 涂层的截面微观组织

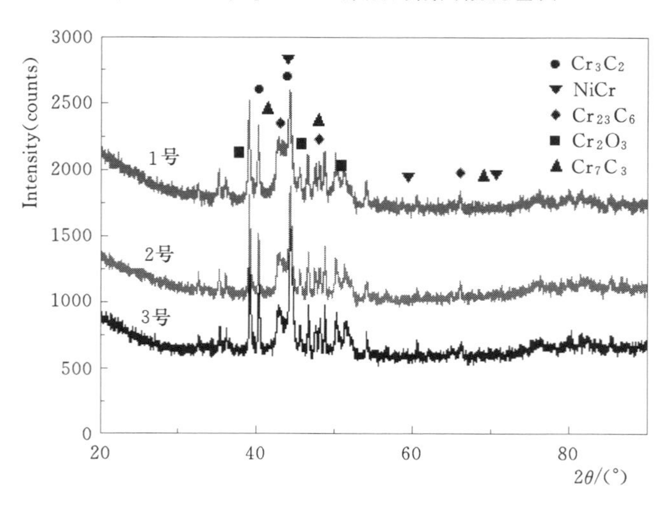

图 5.3　Cr_3C_2 - NiCr 涂层的 XRD 图谱

图 5.3 为 3 种工艺下 Cr_3C_2 - NiCr 涂层的 XRD 图谱。从图谱中发现，不同工艺下制备的涂层的相组成一致，主要有 $Cr_{23}C_6$、Cr_7C_3、Cr_3C_2 及 Cr_2O_3，同时涂层中还存在 NiCr 相。在超音速火焰喷涂过程中，粒子速度快，受热时间短，沉积后涂层中仍然为 Cr 的碳化物，而 NiCr 合金在受热过程发生了少量的氧化，生成 Cr_2O_3 相。

5.2.2 孔隙率分析

采用金相分析法测试试样涂层的孔隙率，测量 6 个视场取平均值作为涂层的孔隙率。试验测得的涂层孔隙率如表 5.3 所示。从结果可以看出，所制备的碳化铬涂层具有致密的结构，孔隙率均<1%，最小为 3 号工艺下制备的涂层，仅为 0.89%。

表 5.3　Cr_3C_2 - NiCr 涂层的孔隙率

试样编号	1 号	2 号	3 号
均孔隙率	0.92%	0.97%	0.89%

涂层是由粉末粒子在火焰中加速加热后撞击基体或已沉积涂层表面发生变形而相互堆叠而成的，在粉末粒子堆叠过程中往往难以完全重叠，特别是温度和速度较低的粒子，其在堆叠过程中变形不充分，已造成不完全堆叠，从而形成孔隙。有些粒子在熔化时溶解了一定的气体，在涂层的形成过程中，喷涂粒子从液态快速凝固，部分气体来不及逸出，便留在变形粒子内形成气孔。

5.2.3 显微硬度分析

表 5.4 为 HVOF 喷涂 Cr_3C_2 - NiCr 涂层的显微硬度，试验数据显示，涂层的平均显微硬度均在 865$HV_{0.2}$以上，3 号工艺条件下涂层的显微硬度最大，为 890$HV_{0.2}$。涂层的高硬度主要是 CrC 颗粒所起的作用。Cr 的碳化物具有较高的硬度，使得涂层的显微硬度大于基体，有利于涂层的耐磨性能。

表 5.4　Cr_3C_2 - NiCr 涂层的显微硬度

序号	1 号	2 号	3 号	基体
平均显微硬度 $HV_{0.2}$	865	876	890	368.5

5.2.4 结合强度分析

表 5.5 为 Cr_3C_2 - NiCr 涂层的结合强度值，数据显示，HVOF 制备的 Cr_3C_2 - NiCr 涂层的结合强度较高，3 号工艺条件下涂层的结合强度最高，为 70MPa。涂层的结合强度与涂层的致密度有较大关系，涂层组织越致密，结合强度越高。在三种工艺条件下，3 号工艺下的组织最致密，其结合强度也最高。

表 5.5　Cr_3C_2 - NiCr 涂层的结合强度

试样编号	1 号	2 号	3 号
结合强度	67MPa	68MPa	70MPa

5.2.5　耐腐蚀性能分析

通过电化学腐蚀测试分析方法对 HVOF 制备的 Cr_3C_2 - NiCr 涂层进行耐腐蚀性能的评价。采用电化学工作站进行电化学腐蚀试验，得到涂层的腐蚀电位、电流及电化学曲线等，通过对这些数据的分析，可以得到涂层的耐腐蚀性能。

表 5.6　　Cr_3C_2 - NiCr 涂层的腐蚀电位及电流

Sample No.	E_0/V	i_{corr}/（$\times 10^{-7}$ A/cm^2）
matrix	−0.3572	13.36
1 号	−0.1378	6.798
2 号	−0.1378	1.798
3 号	0.0426	2.079

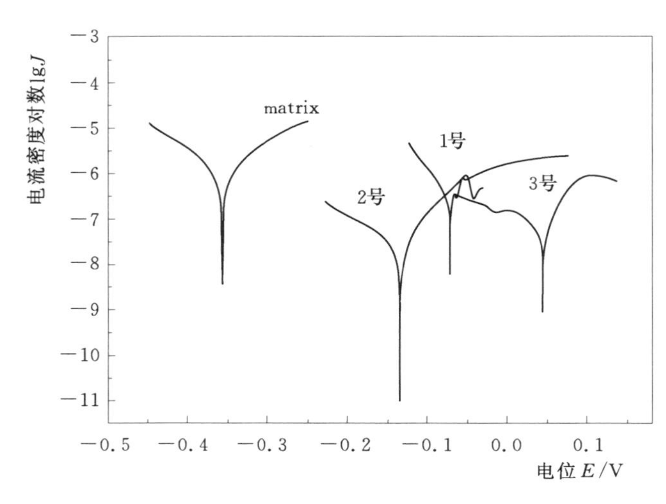

图 5.4　Cr_3C_2 - NiCr 涂层电化学曲线

从基体与表 5.6 Cr_3C_2 - NiCr 涂层的自腐蚀电位、自腐蚀电流数据及图 5.4 可知，Cr_3C_2 - NiCr 涂层的自腐蚀电位要高于基体，涂层的腐蚀倾向要小于基体。涂层的自腐蚀电流密度要小于基体，说明涂层的腐蚀速率要慢于不锈钢。从电化学腐蚀数据上可以看出，涂层具有优于基体基体的良好耐电化学腐蚀性能。

5.2.6　耐磨损性能分析

为了表征分析涂层的耐磨性能，本书采用 HT - 1000 球-盘式磨损试验机测试涂层在干摩擦条件下的摩擦磨损性能。Si_3N_4 摩擦副的直径为 3mm，表面粗糙度 $Ra=0.05\mu m$，硬度 HRC77，试验时间为 2h。表 5.7 为试验 2h 后涂层的摩擦磨损失重量。

由表 5.7 可知，与基体不锈钢相比，三种工艺下的 Cr_3C_2 - NiCr 涂层表现出优良的耐磨损性能。在 3 号工艺条件下的涂层磨损失重较小，最小为 0.00021g。而基体的磨损失重为 0.01739g。

表 5.7　　试验 2h 后 Cr_3C_2 - NiCr 涂层的摩擦磨损失重量

试样编号	1号	2号	3号	基体
磨损量值/g	0.00022	0.00025	0.00021	0.01739

图 5.5 为 Cr_3C_2 - NiCr 涂层经过 2h 磨损试验后的典型表面微观形貌，从低倍形貌可以看出，经过磨损后，表面存在许多“犁沟”和“凹坑”，划痕呈现一定的方向性。通过对磨损表面高倍观察，凹坑主要是由于 Cr_3C_2 硬质相的剥落造成的。从高倍形貌分析可知，在摩擦副的外应力作用下，涂层的 NiCr 黏结相不断被切削掉，进而形成犁沟。随着黏结相的不断被切削，使得 Cr_3C_2 硬质相失去了黏结相的保护作用，并在外应力的作用下被碾碎、开裂，进而引起硬质相的松动和剥落，形成小凹坑。

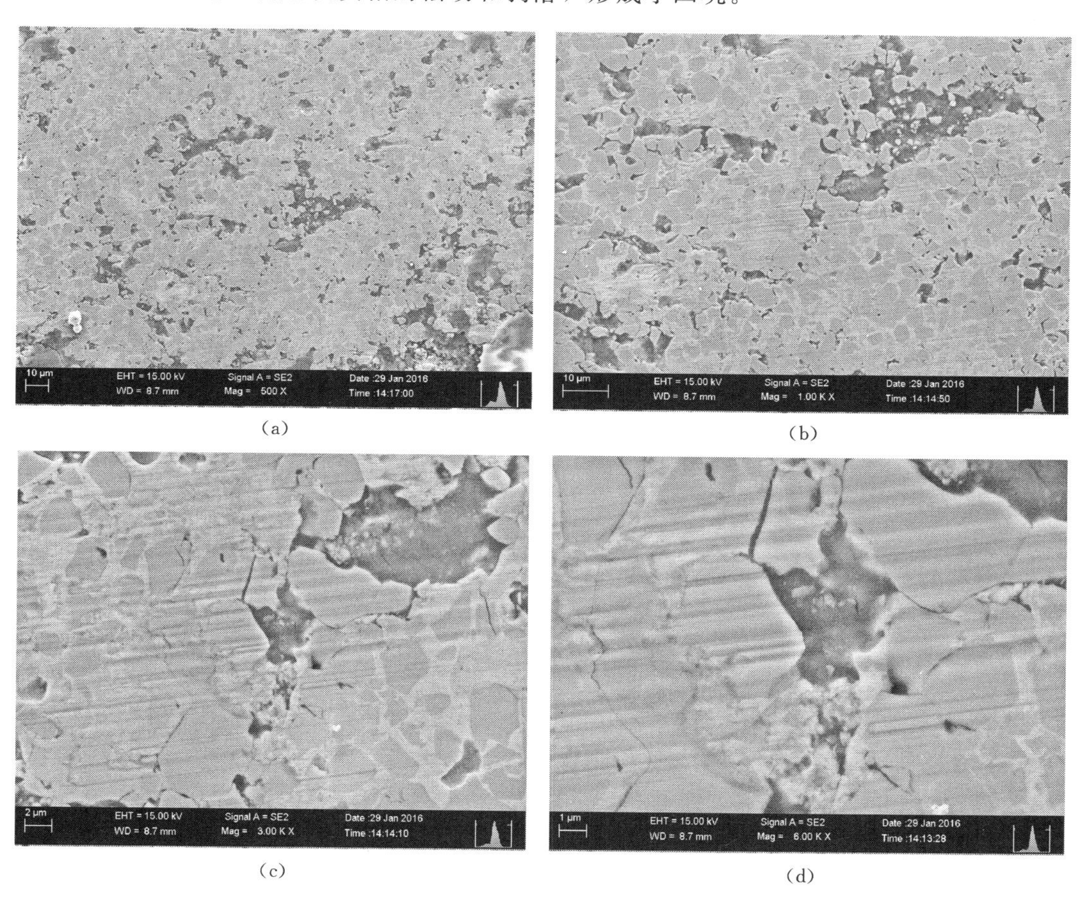

图 5.5　Cr_3C_2 - NiCr 涂层的典型磨损表面微观形貌

(a) 500 倍；(b) 1000 倍；(c) 3000 倍；(d) 6000 倍

5.3　Cr_3C_2 耐磨耐腐蚀涂层的应用

Cr_3C_2 - NiCr 涂层具有良好的耐磨性和抗高温氧化性能，因而在冶金、电力等行业广发应用。

在冶金行业，许多轧辊处于高温磨损的环境中，造成轧辊表面磨损失效。以冷轧钢带连续退火底棍为例，它是冷轧钢带生产过程中的关键传动装置。退火炉内的温度一般在450～1200℃，在钢带连续退火过程中，炉辊在高温环境中输送钢带，钢带表面的氧化膜或沉积的铁屑被还原与活化，生成铁、FeO 和 Fe_3O_4 及其他化合物，在随后与棍面间的摩擦力作用下，导致棍面的保护膜被挤破，裸露的新鲜表面就会与活化了的铁粉在压应力下产生固相焊接，是棍面产生结瘤，破坏了棍面原有的粗糙度，进而对钢带造成划伤，影响钢带质量。不锈钢带连续退货作业中，也会在炉辊表面形成结瘤，影响不锈钢带生产。为了减少炉辊结瘤对钢带生产造成的损失，通常在棍面喷涂 Cr_3C_2 - NiCr 涂层，它具有抗磨损、抗高温氧化、抗热震的优点，可以提高炉辊的使用寿命。

在电力行业，我国火电厂锅炉和工业锅炉以燃煤为主。其中循环流化床锅炉普遍燃用劣质煤，含灰量和含硫量均较高，锅炉“四管”（水冷壁管、过热器管、再热器管、省煤器管——简称锅炉“四管”）工作在高温高压及受烟气腐蚀和冲蚀的恶劣环境中，极易产生高温腐蚀及磨损，致使管壁减薄。锅炉管壁因高温腐蚀和磨损，每年减薄量约1.5mm左右。锅炉“四管”减薄后的直接危害是导致锅炉“四管”泄露爆管事故。据调查，我国火力发电厂100MW以上机组由于腐蚀和冲蚀使锅炉管壁减薄，导致锅炉爆管事故而造成的停机抢修时间约占整个机组非计划停用时间的40%左右，占锅炉设备本身非计划停用时间的70以上。锅炉的突发性爆管事故一方面直接严重危害电厂安全及稳定发电；另一方面给电厂造成极大的经济损失，已成为锅炉安全运行中一个急待解决的问题。图5.6采用 Cr_3C_2 - NiCr 金属陶瓷材料喷涂循环流化床锅炉管，管壁磨损量由1.5～2.0mm/年（喷涂前管子母材）减少到约0.2mm/年（喷涂后涂层）。

图5.6 Cr_3C_2 - NiCr 涂层在锅炉“四管”的应用

5.4 小 结

利用 HVOF 喷涂制备的 Cr_3C_2 - NiCr 涂层表现出良好的综合性能，涂层的孔隙率小于1%。涂层的平均显微硬度>865$HV_{0.2}$以上，结合强度最高达70MPa。通过摩擦磨损对比试验可知，涂层的耐磨损性能良好，其磨损失重量远小于基体失重量。

参 考 文 献

[1] 孙家枢，郝荣亮，等．热喷涂科学与技术［M］．北京：冶金工业出版社，2013.

[2] ZHANG X C, XU B S, TU S T, et al. Fatigue resistance and failure mechanisms of plasma - sprayed CrC-NiCr cermet coatings in rolling contact [J]. International Journal of Fatigue, 2009, 31 (5): 906 - 915.

[3] 汪勇，周新远，等．不同热喷涂技术制备铁基涂层摩擦学性能研究 [J]. 材料工程，2013 (10): 48 - 52.

[4] PIAO Zhongyu, XU Binshi, WANG Haidou, et al. Influence of surface nitriding treatment on rolling contact behavior of Fe-based plasma sprayed coating [J]. Applied Surface Science, 2013, 266 (1) : 420 - 425.

[5] Qiao qin Y, Tetsuya S, Akira O. Effect of carbide grain size on microstructure and sliding wear behavior of HVOF-sprayed WC - 12Co coatings [J]. Wear, 2003 (254): 23 - 34.

[6] 马光，王国刚，孙冬柏，等．两种 AC-HVAF 喷涂耐蚀性研究 [J]. 材料工程，2007, (8): 73 - 76.

[7] 李玉麟，何祥义，等．镍铬-碳化铬涂层在循环流化床锅炉上的应用 [J]. 热喷涂技术，2004 (2): 19 - 21.

[8] Pornthep C, Makoto W, Seiji K. Effect of carbide size and Cocontent on the microstructure and mechanical properties of HVOF-sprayed WC-Co coatings [J]. Surface and Coatings Technology, 2007 (3): 509 - 521.

[9] 纪岗昌，李长久，圆田启嗣，等．喷涂工艺条件对超音速火焰喷涂 Cr_3C_2 - NiCr 涂层冲蚀磨损性能的影响 [J]. 摩擦学学报，2002 (6): 424 - 429.

[10] 王孝建，王银军，等. 超音速火焰喷涂 WC - 12Co 涂层抗磨粒磨损性能研究 [J]. 热喷涂技术，2010 (3): 44 - 48.

[11] 许中林，李国禄，董天顺，等．等离子喷涂层磨损/接触疲劳失效行为研究现状 [J]. 表面技术，2014 (2): 126 - 133.

[12] 王志平，程涛涛，丁坤英．颗粒致密度对 WC - 10Co4Cr 涂层性能的影响 [J]. 机械工程学报，2011, 47 (24): 63 - 68.

[13] Wang Q, Chen ZH, Ding ZX. Performance of abrasive wear of WC - 10Co4Cr coatings sprayed by HVAF [J]. Tribology International, 2009, 42: 1046 - 1051.

[14] CH IVAVIBUL P, WATA NABE M , KURODA S, et al . Evaluation of HVOF - sprayed WC - Co coatings for wood machining [J]. Surface and Coatings Technology, 2008, 202 (21): 5127 - 5135.

[15] 李亚东，强克刚，马亿珠，等．火焰喷涂聚酰胺 12/纳米 SiO_2 涂层的摩擦磨损性能 [J]. 摩擦学学报，2009, 29 (2): 135 - 140.

[16] YUSOFFN H N, GHAZALI M J, ISA M C, et al. Optimization of plasma spray parameters on the mechanical properties of agglomerated Al_2O_3 - 13% TiO_2 coated mild steel [J]. Materials and Design, 2012, 39: 504 - 508.

[17] PIAO Zhongyu, XU Binshi, WANG Haidou, et al. Influence of surface roughness on rolling contact fatigue behavior Fe - Cr alloy coatings [J]. Journal of Materials Engineering and Performance, 2013, 22 (2) : 767 - 773.

[18] 国洪建，贾均红，张振宇，等 . Nano - Ni 粉体对 Fe /WC 涂层组织和性能的影响 [J]. 摩擦学学报，2013, 33 (4) : 337 - 342.

[19] 崔永静，王长亮，汤智慧．超音速火焰喷涂 WC - 17Co 涂层微观结构与性能研究 [J]. 材料工程，2011, 11: 85 - 88.

第6章 Cr_2O_3耐磨耐腐蚀涂层制备及性能研究

磨损和腐蚀是机械设备零部件表面的两大主要失效形式，随着科学技术和现代工业的高速发展，对机械设备零部件的表面防护性能提出了愈来愈高的要求。尤其是在高速、高温、高压和腐蚀介质等条件下工作的运动部件，往往因其表面磨损、腐蚀而报废，最终导致整台设备停用或破坏，造成了巨大损失。材料同时受到腐蚀和磨损共同作用的情况越来越严重。腐蚀和磨蚀问题不仅一直是材料科学与工程研究的关键技术问题，如何提高这些重要部位关键零部件材料的表面性能也一直是国内外关注的焦点。采用等离子热喷涂技术在工件表面制备高性能的陶瓷涂层可以有效解决上述问题。

STR100闭环超音速等离子喷涂系统是一种大功率、高热焓、超音速的等离子喷涂系统，可在高电压、低电流下运行，大幅度地提高了易损件的服役寿命，焰流速度高，焰流温度可调范围大，可广泛地应用于各类金属陶瓷涂层的制备。与普通等离子喷涂系统相比，利用STR100闭环超音速等离子喷涂系统制备的Cr_2O_3涂层结合强度更高、孔隙率更低、涂层显微硬度更高，涂层性能基本达到超音速火焰喷涂同等水平。在耐磨、耐腐蚀领域具有广泛的应用前景。本章对STR100闭环超音速等离子喷涂Cr_2O_3涂层的结构和力学性能进行了试验分析。

6.1 方案设计

6.1.1 粉末特性

涂层的性能与涂层制作的工艺和涂层材料的性能密切相关，喷涂技术的发展与喷涂材料的发展互相促进紧密相关的。原则上，只要在一定温度下不升华，不分解的固体材料均可用作喷涂材料。三氧化二铬（Cr_2O_3）是一种绿色的固体，熔点很高，为1990℃。它是冶炼铬的原料。由于它呈绿色，是常用的绿色颜料，俗称铬绿。Cr_2O_3微溶于水，与Al_2O_3的晶格结构相同。其中，Cr^{3+}的外层电子结构为$3d^3 4s^0 4p^0$，它具有6个空轨道，同时Cr^{3+}的离子半径也较小（64pm），有较强的正电场，因此Cr^{3+}生成配合物的能力较强，容易同H_2O、NH_3、Cl^-、CN^-、$C_2O_4^{2-}$等配位体生成配位数为6的d^2sp^3，型的配合物[1-10]。Cr_2O_3具有优异的耐蚀性能，化学性能十分稳定，不溶于酸、碱、盐及各种溶剂，对大气、淡水、海水以及光极为稳定，且Cr_2O_3硬度很高，加入一定量的TiO_2后，会使Cr_2O_3粉末喷涂沉积率提高，与基体的结合力强，涂层更加致密，耐磨性能显著提高，且使涂层容易进行磨削加工，是一种常用的等离子喷涂涂层材料[5-13]。它适用于

540℃以下耐磨粒磨损、硬面磨损及颗粒冲蚀、气蚀的零件；250℃以下化学介质中使用的零部件的抗腐蚀磨损涂层；耐纤维磨损涂层；远红外及热辐射涂层。它在机械、石油化工、航空及纺织工业等部门得到了较广泛的应用。目前Cr_2O_3涂层已广泛地应用于薄膜输送辊、印刷辊、密封环、柴油发动机气缸内衬等零部件，大大地提高了工件的使用寿命[12-20]。

6.1.2 试验材料及方法

1. 试验材料

（1）粉末。本实验主要用到CoNiCrAlY和Cr_2O_3粉末，CoNiCrAlY粉末用于制作的打底层，Cr_2O_3粉末用于制作工作面层。由于这两种粉末的原始纳米粉末不能直接用来进行热喷涂，这是由于单个纳米粒子质量太小，原始纳米粉末松装密度低，流动性差，喷涂时不能很好地注入等离子体中而沉积到基体上[21-28]。为了解决这个问题，必须对纳米粉末进行再处理，把纳米粉末团聚成大颗粒的球型粉末以提高粉末的密度和流动性，为制备纳米结构涂层和块状烧结材料提供原料基础。粉末的化学成分、粒度分布范围与制造工艺如表6.1所列。

表6.1　粉末的化学成分、粒度分布范围与制造工艺

粉末	粒度/μm	制造方法
CoNiCrAlY	5～45	烧结破碎
Cr_2O_3	15～35	烧结破碎

（2）基材：试验基体（ZG06Cr13Ni4Mo不锈钢），为水轮机专用不锈钢。

（3）喷砂用石英砂：白刚玉（20～40目），基体采用经过抛光和喷砂处理的不锈钢，喷砂的目的是增加基体表面的粗糙程度，提高涂层与基体的结合强度。

（4）气体：Ar（99.99%）、N_2（99.99%）为主气，H_2（99.999%）为辅气。

2. 试验方法

试验设备采用STR100闭环超音速等离子设备。涂层采用STR100喷涂设备制备Cr_2O_3涂层。试样经200～2000JHJ水磨砂纸打磨抛光后，利用KMM－500E金相显微镜测试所获得的Cr_2O_3涂层的孔隙率，试样测试5个区域并取平均值。采用HXD－1000TMC/LCD显微硬度测试仪测试涂层的显微硬度，测试条件为200gf载荷，10s加载时间，试样测试5个点并取平均值。参照国家标准，采用Smart test 5T万能试验机上进行涂层与基体结合力的测试，试样尺寸为ϕ25mm，拉伸速度为0.5mm/min，其中涂层与对偶件之间采用专用薄膜胶进行粘接。采用HT－1000摩擦磨损试验机研究WC/Co涂层的抗磨损性能。该设备原理是：通过加载机构加上试验所需的载荷值，同时驱动样品盘上的被测试样转动，使其与对磨球进行摩擦，由计算机实时检测出材料的摩擦系数等数据。对磨球材质为Si_3N_4，加载力f为500g，摩擦半径R为6mm，加载速度v为1120r/min，试验时间t为180min。利用卡尔蔡司的ULTRA55场发射扫描电子显微镜（FESEM）观察涂层微观形貌。采用帕纳科X' Pert Powder型号X射线粉末衍射仪测试通过全谱扫描来测试涂层的成分和晶型结构，判断涂层质量。

6.1.3 工艺方案

1. 等离子喷涂实施方案

STR100等离子设备设备采用氩气、氮气、氢气为工作气体，其中氩气为主气，氮气和氢气为辅气。其中影响涂层性能的参数有：喷涂电流、喷涂功率、氩气流量、氮气流量、氢气流量、送粉量、喷涂距离和喷枪移动速度。根据试验可以发现喷涂功率是等离子喷涂的主要影响参数之一。

本实验利用STR100等离子设备制备3组 Cr_2O_3 涂层和3组 CoNiCrAlY/Cr_2O_3 复合涂层。其中CoNiCrAlY打底层参数如表6.2所列，3组 Cr_2O_3 涂层喷涂参数如表6.3所列。CoNiCrAlY/Cr_2O_3 复合涂层是在表6.2的工艺参数制备的CoNiCrAlY涂层上再以表6.3的工艺参数制备 Cr_2O_3 工作层。设定CoNiCrAlY涂层厚度为100μm，涂层总厚度250μm。

表6.2 STR100超音速等离子喷涂设备制备CoNiCrAlY涂层的喷涂参数表

工艺	功率/kW	送粉量/（g/min）	距离/mm
CoNiCrAlY	75	50	120

表6.3 STR100超音速等离子喷涂设备制备 Cr_2O_3 涂层的喷涂参数表

工艺	功率/kW	送粉量/（g/min）	距离/mm
1号	83	80	127
2号	88	80	127
3号	93	80	127

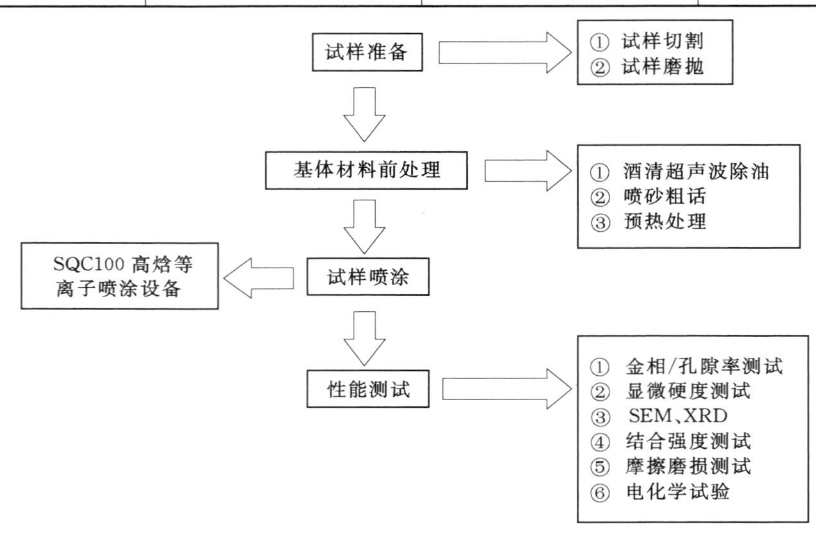

图6.1 等离子喷涂实施示意图

2. 喷涂过程设计

等离子制备 Cr_2O_3 涂层整个流程示意图如图 6.1 所示。喷涂过程中确保喷涂工件的温度不能超过 200℃，否则热应力会很大。当工件温度升至 200℃附近时，冷却至 70～80℃后继续喷涂。

6.2 涂层性能分析

6.2.1 涂层形貌与孔隙率

1. 涂层形貌

涂层的结构通常可分为扁平粒子层间结构和粒子内部结构两个层次。层间结构主要包括：孔隙率、层间界面状况、微裂纹、扁平粒子厚度等。扁平粒子内部结构主要包括：粒子颗粒大小和含量、晶体结构及缺陷、晶粒大小等。如图 6.2 所示为 Cr_2O_3 涂层的典型结构。孔隙率是涂层性能的一个重要指标，孔隙率越低，涂层的耐磨性越好，硬度越高，涂层性能越好，涂层内的裂纹和气孔加速涂层的磨损，影响涂层的磨损性能。

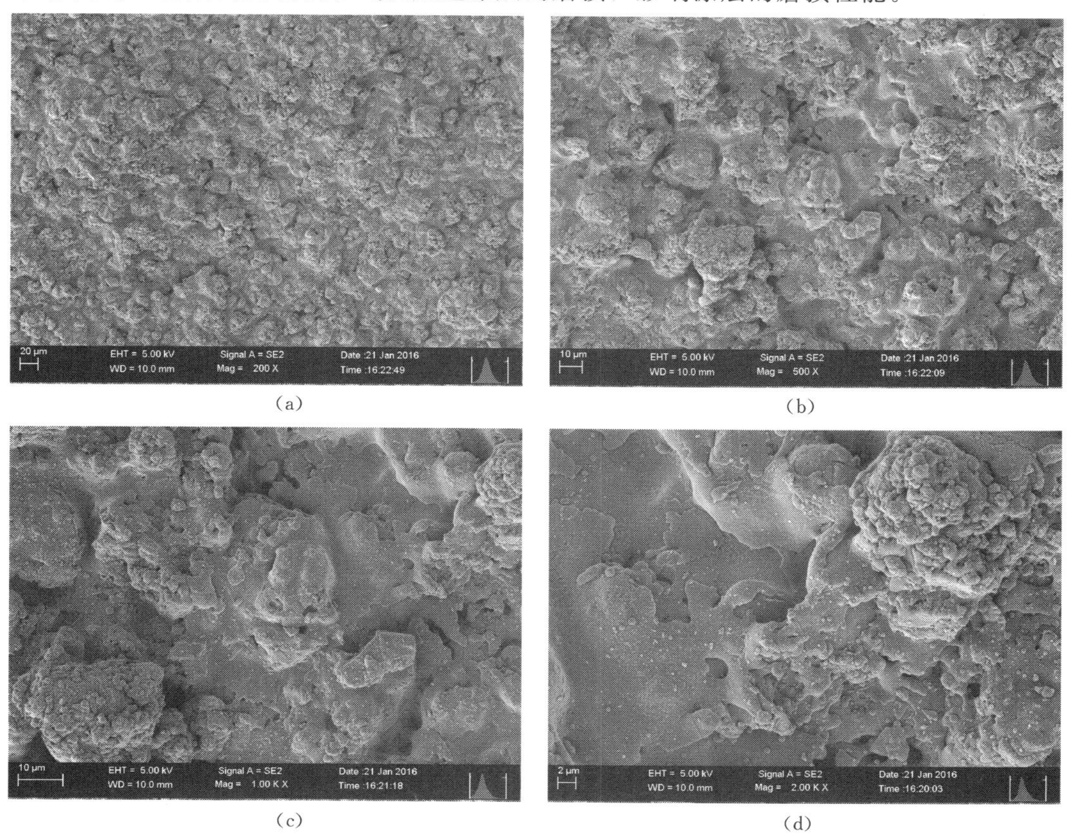

图 6.2 涂层表面微观形貌

(a) 200 倍；(b) 500 倍 (c) 1000 倍；(d) 2000 倍

2. 孔隙率

涂层中存在孔隙，是等离子喷涂涂层的特征之一。由于喷涂熔滴对基体碰撞、变形与堆积，在颗粒与颗粒之间，颗粒与基体粗糙表面之间，颗粒片层与片层结构之间都可能有未被熔体填满产生的孔隙。此外，焰流中的熔滴会溶入气体，在冷却固化过程中气体的溶解度下降也会释放气体，由此产生孔隙。

将三组试样分别置于 KMM－500E 金相显微镜下，放大到 400 倍，采用金相分析法测量孔隙率。每个试样分别测 10 个区域，分别求平均值，即可获得相应的平均孔隙率。测试所获得的 Cr_2O_3 涂层的孔隙率如表 6.4 所列。Cr_2O_3 涂层和 CoNiCrAlY/Cr_2O_3 复合涂层的 Cr_2O_3 涂层均采用相同的喷涂参数。

表 6.4　Cr_2O_3 涂层孔隙表

工艺	测量值					平均值
1 号	0.71%	0.75%	0.78%	0.80%	0.76%	0.76%
2 号	0.38%	0.59%	0.45%	0.55%	0.58%	0.51%
3 号	0.85%	0.72%	0.79%	0.88%	0.86%	0.82%

三种工艺下分别对应的孔隙率测试金相图如图 6.3 所示。根据测得的涂层孔隙率和金

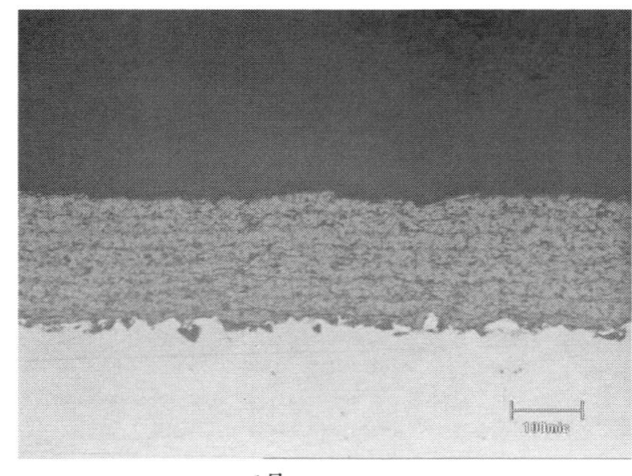

1号

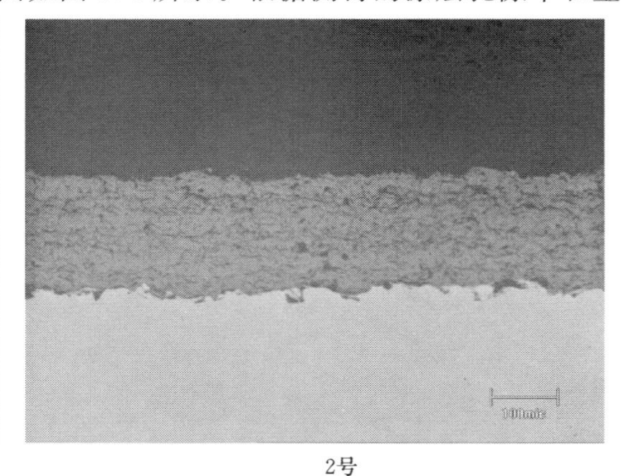

2号

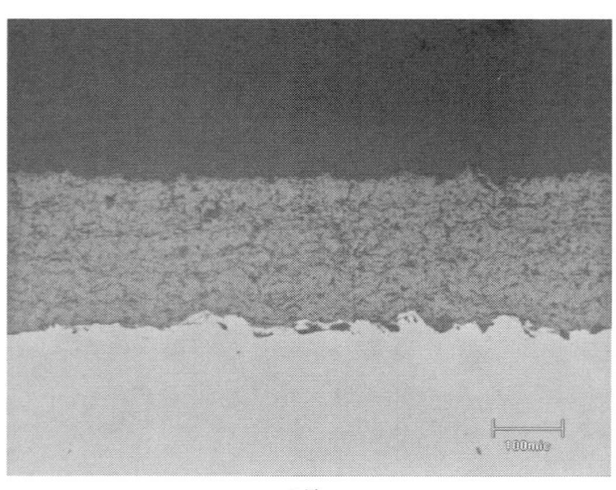

3号

图 6.3　三组工艺参数下制备的 Cr_2O_3 涂层金相组织形貌

相组织图片可发现，制备的 Cr_2O_3 涂层的孔隙率均较低，在工艺 2 号下的孔隙率最低为 0.51%。这是由于超音速等离子喷涂火焰速度高，粒子速度高，沉积时粒子对基体的碰撞作用强，变形充分，粒子与基体、粒子之间结合作用力强，因而孔隙率低。但从孔隙图中发现涂层中还是存在细小的孔隙，这些孔隙的存在容易导致裂纹的扩展和传播，导致涂层容易剥落，且大的孔隙容易成为腐蚀介质的通道，不利于涂层的抗磨损和耐腐蚀性能。

3. 物相分析

X 射线衍射分析是研究材料晶体结构的基本手段，常用于物相分析、织构分析与应力测定，设备与分析技术均已成熟，样品制备简单，且不损害试样。特定波长的 X 射线束与晶体样品的点阵发生相互作用时会发生 X 衍射现象，通过收集 X 射线的角度信息及强度分布则可获得样品点阵类型，点阵常数，晶体取向及应力等一系列有关材料结构的信息。采用帕纳科 X' Pert Powder 型号 X 射线粉末衍射仪测试通过全谱扫描来测试涂层的成分和晶型结构，判断涂层质量。

在热喷涂过程中，Cr_2O_3 在喷涂过程中可能在一定程度上发生分解，分解成低价态 Cr 的氧化物，如 Cr_3O_4、CrO、Cr_2O 甚至金属 Cr。这些低价态的 Cr 的氧化物夹杂在 Cr_2O_3 涂层中，降低涂层的耐磨性。同时，这些低价态 Cr 的氧化物容易在酸性环境下腐蚀，因而会降低 Cr_2O_3 涂层的耐蚀能力。因此，喷涂 Cr_2O_3 涂层应该尽可能减少 Cr_2O_3 的分解。由图 6.4 可知，这三种功率下喷涂制备的 Cr_2O_3 涂层 XRD 图与 Cr_2O_3 粉末 XRD 图完全一致，均未发现其他 Cr 的氧化物。说明 Cr_2O_3 粉末在喷涂过程中没有发生分解、氧化，利用 STR100 超音速等离子设备制备 Cr_2O_3 涂层稳定。

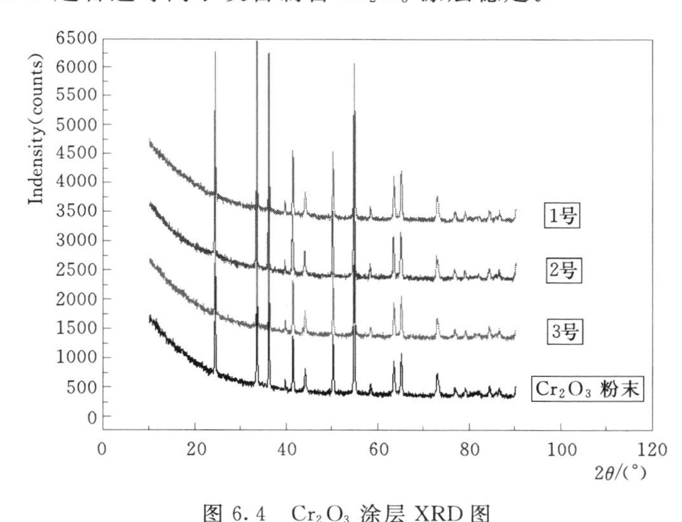

图 6.4 Cr_2O_3 涂层 XRD 图

6.2.2 涂层平均显微硬度

涂层硬度与材料的性质是分不开的，但涂层的硬度不同于喷涂材料本身的硬度。除了孔隙影响之外，等离子喷涂工艺参数对涂层的显微硬度也有显著的影响。即使同一涂层材料，由于组织的非均匀性、致密性和氧化物含量的不同，涂层硬度也是不同的。由于涂层厚度不是很大，所以一般测其微观硬度。

将制备好的金相试样采用 HXD－1000TMC/LCD 显微硬度计测定，测试条件为 200gf 载荷，10s 加载时间，在同一试样的涂层上测定 5 个点的显微硬度值，取平均值。测试所获得的 Cr_2O_3 涂层的孔隙率如表 6.5 所列。Cr_2O_3 涂层和 CoNiCrAlY/Cr_2O_3 复合涂层的 Cr_2O_3 涂层均采用相同的喷涂参数。

表 6.5　　Cr_2O_3 涂层平均显微硬度

工艺	测量值					平均值
1 号	1258	1320	1295	1302	1325	1300
2 号	1341	1355	1349	1346	1359	1350
3 号	1318	1298	1322	1307	1305	1310

从表中可知不同工艺条件下获得的涂层显微硬度均较大，基本在 $1300HV_{0.2}$以上。较高的显微硬度有利于涂层的耐磨性能。其中 2 号试样的平均显微硬度最高为 $1350HV_{0.2}$。

6.2.3　涂层结合强度

涂层结合强度是涂层和基体材料表面之间的结合能力，是反映涂层质量重要的力学性能指标。参照国家标准 GB/T8642—2002。涂层结合强度测定试验不同于普通的金属拉伸试验，对接试验需要黏结剂，为保障能测出涂层的结合强度，黏结剂的黏结强度一定要高。对偶试样采用与喷涂试样相同的材料，对接面只进行喷砂处理，待测试样按照设计的工艺喷涂涂层。

将黏结好的试样安装在液压式万能拉伸试验机上，均匀、连续地施加载荷（加载速度控制在 0.5mm/min），直到试样发生断裂，记录最大的载荷。按如下公式计算结合强度：

$$P=F/S$$

式中　P——涂层法向结合强度，MPa；

F——试样拉断载荷，N；

S——涂层表面积，mm^2。

同一喷涂工艺测定 5 个试样的结合强度，取平均值，三组试样结合强度如表 6.6 所列。由于 CoNiCrAlY/Cr_2O_3 复合涂层存在打底层，对 Cr_2O_3 涂层的结合强度有较大影响。

表 6.6　　Cr_2O_3 涂层及 CoNiCrAlY/ Cr_2O_3 复合涂层结合强度

涂层	工艺	测量值					平均值	断裂位置
Cr_2O_3 涂层	1 号	30	29	33	35	28	31	涂层间
	2 号	34	38	33	30	40	35	涂层间
	3 号	32	36	31	29	37	33	涂层间
CoNiCrAlY/Cr_2O_3 复合涂层	1 号	53	55	58	56	60	56	涂层间
	2 号	55	59	63	62	61	60	涂层间
	3 号	62	58	56	59	55	58	涂层间

从表中可以看出 CoNiCrAlY/Cr_2O_3 复合涂层的结合强度比 Cr_2O_3 涂层的结合强度

高，主要是因为 CoNiCrAlY 打底层与不锈钢基体有较好的结合。超音速等离子喷涂火焰速度高，粒子速度高，沉积时粒子对基体的碰撞作用强，沉积时粒子对基体的碰撞作用强，变形充分，粒子与基体、粒子之间结合强度高。

6.2.4 耐腐蚀性能

用电化学试验法测试涂层的耐腐蚀性能，试验前用环氧树脂对试样进行封孔处理。由 RST5200 电化学工作站测量极化曲线。测量中用铜导线与试样相连留取面积 1cm^2 的区域。其他裸露部分用环氧树脂密封，制得工作电极。电化学溶液体系为质量浓度 3.5%的 NaCl 溶液，辅助电极为铂电极，参比电极是饱和甘汞电极，扫描范围－0.6～0.1V，扫描速率为 0.01mV/s。

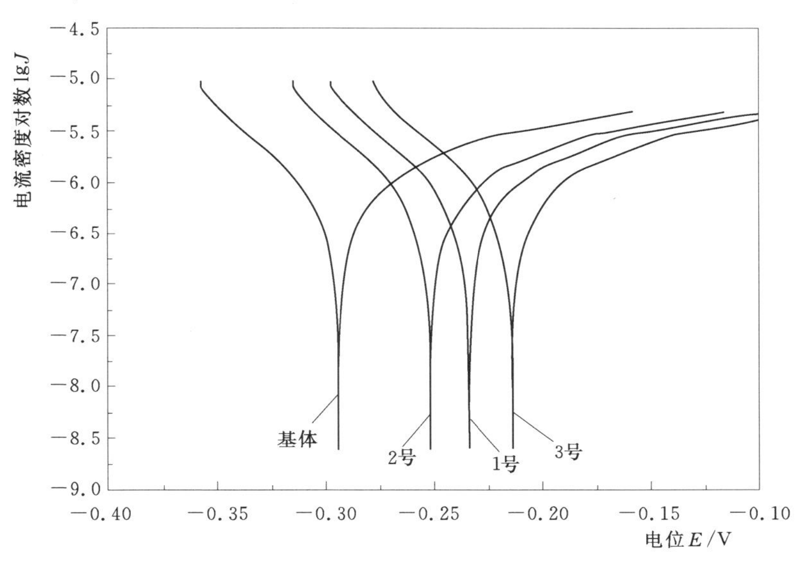

图 6.5 基体与 Cr_2O_3 试样电化学对比图

表 6.7 基体与 Cr_2O_3 涂层的自腐蚀电位和自腐蚀电流密度

工艺	E_0/V	i_{corr}/（$\times 10^{-7}$A/cm^2）
基体	−0.2939	2.22
1 号	−0.2339	2.1
2 号	−0.2514	1.9
3 号	−0.2138	1.2

图 6.5 所示为涂层在 NaCl 溶液中的电化学极化曲线。一般对于电化学极化曲线而言，腐蚀电位越正，腐蚀电流密度越小，则材料的腐蚀速率越小，抗腐蚀能力越强。由 Tafel 曲线斜率交点所对应的电流密度即可以计算出被测试样的电化学腐蚀速率。表 6.7 所示是根据 Tafel 极化曲线计算的自腐蚀电位、自腐蚀电流密度和腐蚀速率。由表 6.7 可以看出：试样的抗电化学腐蚀能力由大到小顺序为 2 号 Cr_2O_3 涂层、1 号 Cr_2O_3 涂层、3 号 Cr_2O_3 涂层和基体。

6.2.5　耐磨损性能

Cr_2O_3 涂层具有导热系数高、热膨胀系数低等特点，摩擦过程中产生的热应力比较小，涂层不容易发生严重断裂，耐磨性能优越。随着等离子喷涂技术的发展，大大地改善了涂层的性能，使其表现出较高的抗摩擦磨损能力。

采用 HT－1000 摩擦磨损试验机研究 Cr_2O_3 涂层的抗磨损性能。该设备原理是：通过加载机构加上试验所需的载荷值，同时驱动样品盘上的被测试样转动，使其与对磨球进行摩擦，由计算机实时检测出材料的摩擦系数等数据。对磨球材质为 Si_3N_4，加载力 f 为 500g，摩擦半径 R 为 6mm，加载速度 v 为 1120r/min，试验时间 t 为 240min。测试所获得的基体与 Cr_2O_3 涂层摩擦磨损失重情况对比如表 6.8 所列。Cr_2O_3 涂层和 CoNiCrAlY/Cr_2O_3 复合涂层的 Cr_2O_3 涂层均采用相同的喷涂参数。

表 6.8　　基体与 Cr_2O_3 涂层摩擦磨损失重情况对比表

工艺	失重前/g	失重后/g	失重/g	基体失重与涂层失重比	
1 号	21.1136	21.1111	0.0025	40	基体的失重 0.100g
2 号	21.1344	21.1322	0.0022	46	
3 号	21.1237	21.1214	0.0023	43	

其中抗磨性最好的为 3 号试样，其抗磨性为基体的 46 倍，3 号试样与基体摩擦磨损界面对比如图 6.6 所示，从图中可以看出，涂层仅有微小的磨痕，而基体的磨痕深，两者对比很明显。

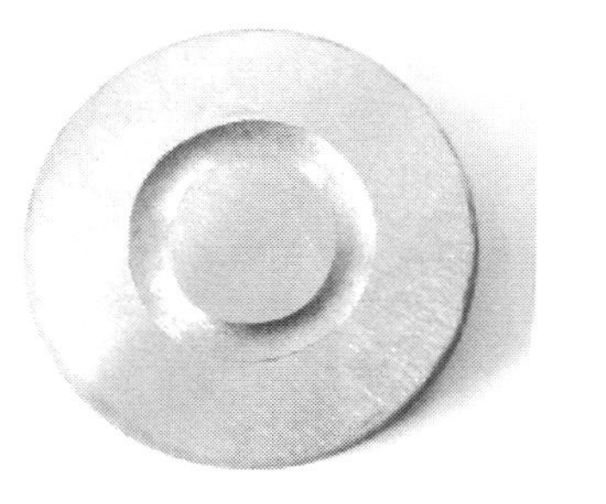

基体

3号涂层

图 6.6　基体与 3 号试样在 240min 磨损后的对比图

将摩擦磨损试验后的试样置于扫面电子显微镜下观察磨痕，分别在 6000 倍和 20000 倍下观察，如图 6.7 所示。

从图 6.7 可以看出涂层经过摩擦磨损后涂层有明显磨损和微裂纹。通过对 Cr_2O_3 涂层磨损后的表面形貌分析得出，涂层在摩擦过程中，磨屑可能有以下几种形成方式：

（1）由于涂层在摩擦过程中，两接触面并不是完全平整的，存在许多微凸体。当微凸体在持续的循环切应力的作用下，容易发生断裂（脆性断裂），微凸体被切落，形成磨屑。从图中可以看到微凸体被切落后形成的凹坑。图 6.7 为凹坑的放大图。凹坑的断口齐平，

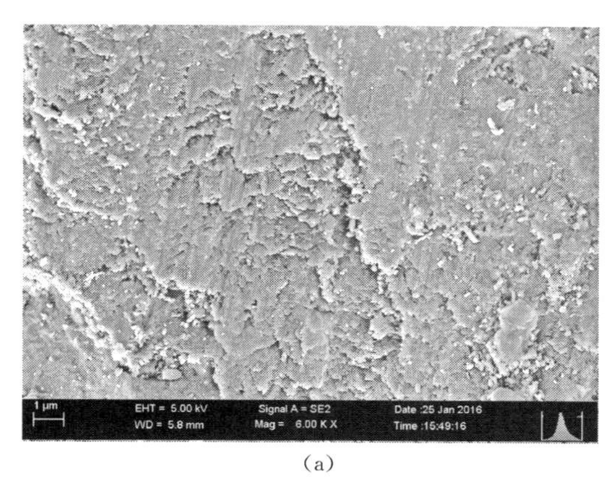

(a)

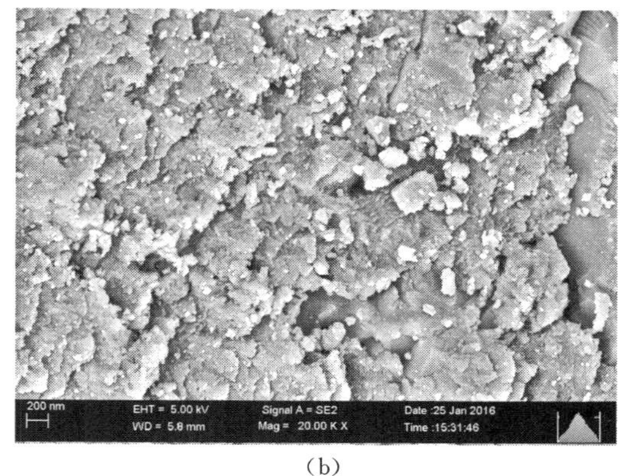

(b)

图 6.7 涂层表面磨损后的 SEM 图

(a) 6000 倍；(b) 20000 倍

微凸体呈脆性断裂。在断口的根部，有一定的裂纹。裂纹扩展闭合引起进一步断裂。

(2) 由于涂层存在孔隙，或是涂层在摩擦过程中由于磨损而形成的孔隙，当对偶微凸体滑动到孔隙边缘微伸凸台处时，孔隙边缘处受到持续的压应力作用，由于没有足够的强度支撑伸凸台，伸凸台容易受到局部的应力集中，形成裂纹，从而引起脱落，形成磨屑[29-32]。从图 6.7 (b) 可以清楚地看到即将脱落的孔隙边缘微伸凸台。

(3) Cr_2O_3 属于具有 $\alpha-Al_2O_3$ 结构的六方晶胞结构，Cr_2O_3 涂层的断裂韧性较差，涂层受到持续的压应力作用，在涂层孔洞，夹杂物，大晶粒，以及晶界处，在微凸体根部周围，都可能形成表面裂纹源。涂层中固有的初始裂纹、孔洞等缺陷，加上在摩擦磨损过程中诱发的各种裂纹，在外力的交互作用下，裂纹容易从四周出发，向材料内部扩展，裂纹平面垂直于试样表面呈辐射状，这些横向裂纹互相交叉或扩展到表面时，引起涂层颗粒的断裂和脱落，从而形成磨屑。也有研究认为陶瓷材料的磨损也像金属材料一样，在滑动过程中磨痕表面产生位错遇到阻碍如晶界、夹杂物等将会堆积或形成空洞和微裂纹，微裂纹进一步聚合形成平行于表面的连续裂纹，导致材料的分层磨损。从而导致大量的微裂纹。

6.3 Cr_2O_3 耐磨耐腐蚀涂层的应用

Cr_2O_3 涂层是常用的一种氧化物耐磨耐腐蚀涂层。目前，Cr_2O_3 涂层已广泛应用于印刷机械、内燃机拉丝机、泵阀、启闭机活塞杆等行业，具有良好的耐磨耐腐蚀效果。

1. Cr_2O_3 涂层在印刷行业的应用

Cr_2O_3 涂层在印刷行业的应用，使得工件的使用寿命得到极大提高，如 Cr_2O_3 陶瓷涂层网纹辊的应用。网纹辊是柔版印刷机的关键部件，一般采用镀铬网纹辊和激光雕刻陶瓷辊，其作用是在印刷中储存墨水并将墨水稳定地转移到印版上，辊面网孔的形状及密度是决定印刷质量的主要因素。镀铬网纹辊耐磨性不好、磨损快，使用寿命在 3 个月到 1 年不等，而且只能刻蚀低线数网纹，因而印刷质量不好、图像不够清晰。高质量的激光雕刻陶瓷辊网孔密度可以达到 1600 线/in，而且网孔形状和容积更均匀更精确，大大提高了印刷质量，特别是陶瓷网纹辊耐磨性能十分优异，使用寿命长达两年以上[29-33]。目前中高档柔版印刷机大多使用陶瓷网纹辊。

2. Cr_2O_3 涂层在内燃机行业的应用

Cr_2O_3 陶瓷涂层硬度很高，且摩擦系数低。Cr 基涂层常用于改善内燃机活塞与套筒之间的摩擦磨损性能。内燃机活塞与套筒之间在高温下相对滑动，而润滑剂在高温下黏度下降，润滑作用降低。这就要求有一种涂层能在高温干摩擦条件下仍能保持较小的摩擦系数和磨损量。WC－Mo、CR_3C_2－Mo、TiC－Mo 和 Al_2O_3－TiO_2 等离子喷涂涂层在无润滑条件下作滑动磨损实验时，摩擦系数和磨损量均较大，不能满足应用的要求[30-34]。而 Cr_2O_3 在干摩擦条件下与某些材料对磨时，显示了良好的耐磨性。

3. Cr_2O_3 涂层在拉丝机行业的应用

金属制线设备因工作面持续与金属丝重力接触磨损，因此产生磨损、腐蚀、冲击、滑动等损伤，这些问题严重损害工件的寿命，并且导致生产率降低，产品质量降低、增加成本等问题。超音速等离子喷涂设备对金属制线设备上的拔丝缸，滑轮、塔轮、收线轮、卷筒等工件的表面进行热喷涂工艺处理。超音速等离子设备可喷涂氧化铬（硬质合金）涂层，硬度可达到 HRC60 以上。远比磨具钢或冷硬铸铁的耐磨性高，还可使这些零件的基件采用普通钢材或铸铁制造，既降低成本又延长使用寿命。可以增强表面强度，提高使用寿命，降低维修成本。虽然涂层持续与金属丝重力磨损接触，但寿命较镀硬铬、热处理的方法要提高 7 到 8 倍[33-38]。

4. Cr_2O_3 涂层在泵阀行业的应用

近年来，经过不断发展，我国的阀门企业数量居全世界第一，各种大小阀门企业约 6000 余家。产业向高端化、国产化、现代化方向发展。但随着人口的不断增长和社会经济的快速发展，水荒蔓延、河湖污染、水生态恶化等问题，屡屡呈现在人们面前。为了切实改善水体环境质量，实现水资源再利用，国务院办公厅发布［《“十二五”全国城镇污水处理及再生利用设施建设规划》（国办发〔2012〕24 号）］。规划指出，“十二五”期间，全国规划范围内的城镇新增污水处理规模 4.569 万 m^3/d。2015 年 4 月 2 日，国务院颁布《水污染防治行动计划》（国发〔2015〕17 号）。计划指出，加快城镇污水处理设施建设与改造。现有城镇污水处理设施，要因地制宜进行改造，2020 年底前达到相应排放标准或

图 6.8　Cr_2O_3 陶瓷涂层在球阀上的应用

再生利用要求[39-41]。

在污水处理规模不断壮大的同时，泵阀行业也被带动起来。相关资料显示，在污水处理设备投入中，水泵类约占机械设备总投资的15%，按比例计算，城市污水处理领域的泵类产品需求量将在600亿元左右，未来三年还有近400亿的市场需求，市场前景良好。Cr_2O_3 陶瓷涂层具有良好的耐磨损和耐腐蚀性，是有效地解决泵阀的腐蚀和磨损问题的有效途径之一[39-42]。

5. Cr_2O_3 涂层在工程机械活塞杆上的应用

活塞杆是工程机械的关键核心部件，我国大量工程机械每年因为工程机械的破坏产生的更换、维修费用数以亿计，而且这些部件很多还依赖进口，如从日本等地进口，价格昂贵，为此我们开发了适合在工程机械活塞杆使用的 Cr_2O_3 涂层（见图6.9所示），性能超过进口产品，而且性能稳定。

图6.9 Cr_2O_3 陶瓷涂层在工程机械活塞杆上应用

图6.10 Cr_2O_3 陶瓷涂层在启闭机活塞杆上的应用

6. Cr_2O_3 涂层在启闭机活塞杆行业的应用

闸门用液压启闭机作为水电站关键设备，起到泄洪、发电、通航等关键作用，它们的运行安全可靠性和稳定性至关重要，将直接影响水电站总体效益的发挥和目标的实现[43-46]。启闭机一直处于潮湿的环境中工作，启闭机中的活塞杆不仅要承受一般活塞杆所承受的摩擦磨损，还要承受潮湿环境和各种污染环境的腐蚀，因此其失效形式主要是腐蚀和磨损。目前主要有：用抗腐蚀金属制造活塞杆，但抗腐蚀金属的耐腐蚀性有限。对活塞杆进行表面镀铬，但活塞杆镀铬层的抗腐蚀、抗磨损性能不够好，特别是环境较差时，仍然容易生锈，使用一段时间后会出现漏油现象，甚至“卡死”，直接影响到闸门的启闭和定位。并且镀铬会带来严重的环境污染，给人民财产和生命带来巨大危害。为此急需要一种节约型、环境友好型、绿色、低碳的产品来替代镀铬技术。利用等离子喷涂技术在启闭机活塞杆表面制备 Cr_2O_3 涂层，如图6.10所示，对抗磨损、抗腐蚀具有一定的效果，但尚未完全解决，比如曹娥江大闸启闭机活塞杆是有德国洪格尔公司喷涂了 Cr_2O_3 涂层，目前使用了5年就已经出现腐蚀、磨损现象，不能达到启闭机活塞杆15年寿命的要求。利用超音速等离子喷涂设备制备的 Cr_2O_3 涂层结合强度高，耐腐蚀和抗磨性能强，可有效地解决启闭机活塞杆的腐蚀和磨损问题。

6.4 小　　结

图 6.11 为 Cr_2O_3 涂层孔隙率、显微硬度、结合强度、抗磨损性能、耐腐蚀性能随功率变化而变化的示意图。

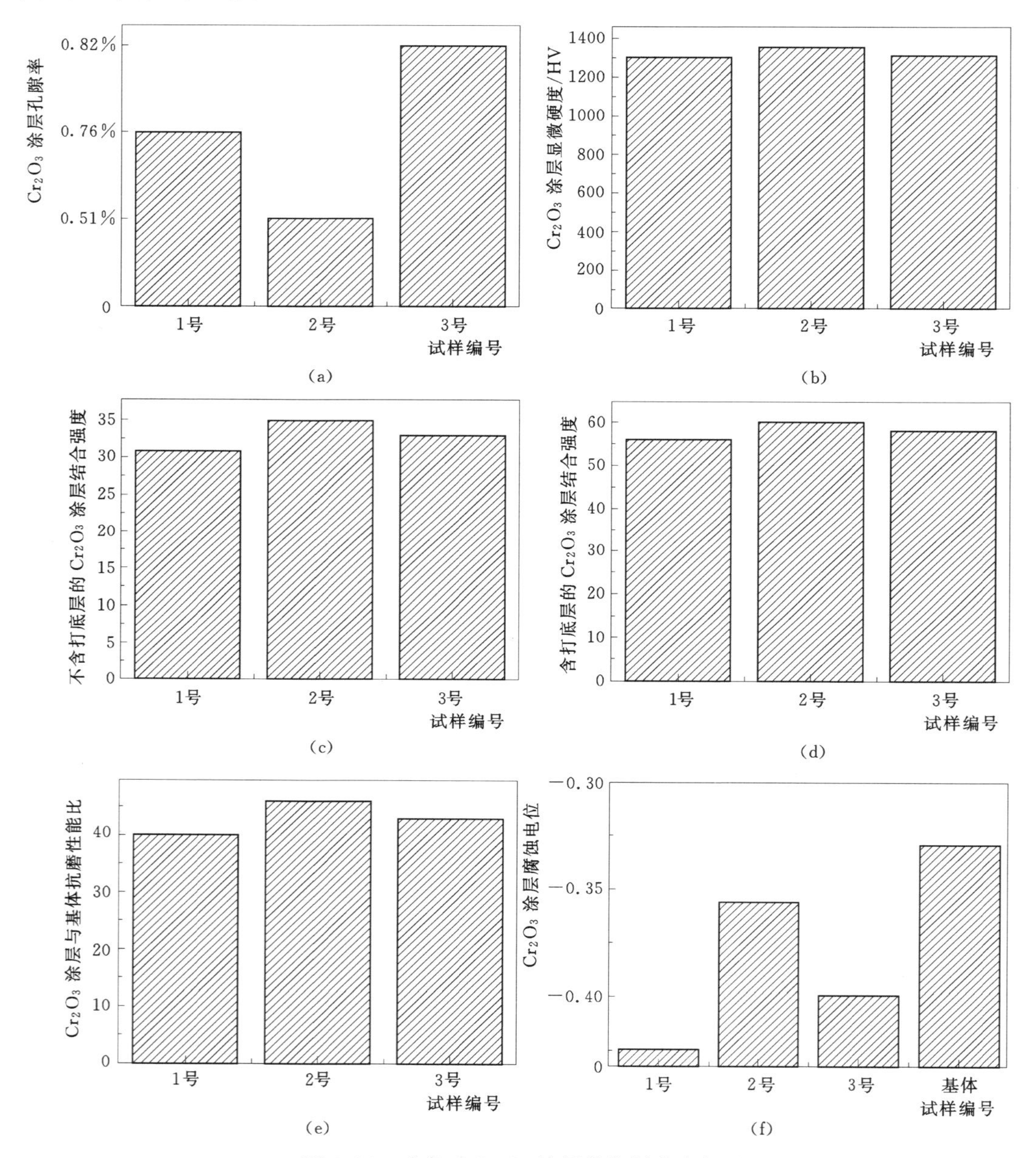

图 6.11　功率对 Cr_2O_3 涂层性能影响直方图

(a) 功率对 Cr_2O_3 涂层孔隙率的影响；(b) 功率对 Cr_2O_3 涂层显微的影响；(c) 功率对 Cr_2O_3 涂层结合强度的影响；(d) 功率对 CoNiCrAlY/ Cr_2O_3 复合涂层结合强度的影响；(e) 功率对 Cr_2O_3 涂层抗磨损的影响；(f) 功率对 Cr_2O_3 涂层自腐蚀电位的影响

从图 6.11 中可知，Cr_2O_3 涂层孔隙率均小于 1%，并且孔隙率随着功率的增大先减小后增大；Cr_2O_3 涂层显微硬度均大于 1300HV，并且显微硬度随功率增大而先增大后减小；Cr_2O_3 涂层结合强度均略大于 30MPa，并且涂层结合强随着功率增大而先先增大后减小；CoNiCrAlY/ Cr_2O_3 复合涂层强度均略在 50MPa 以上，甚至超过 60MPa，并且结合强度随着功率增大而先先增大后减小；Cr_2O_3 涂层的抗磨损性能均超过基体 40 倍以上，并且涂层抗磨性随功率增大而先增大后减小；从自腐蚀电位比较，3 组 Cr_2O_3 涂层抗腐蚀性能均优于基体。

因为随着功率的增大，提高了等离子弧的温度。等离子弧温度越高，喷涂粉末熔化越好，涂层的孔隙率越小，夹杂物也越少，涂层更均匀和致密，抗腐蚀、耐磨性能更好。但电弧功率过大，粉末经过弧区时，吸收热量也越多，涂层残余热应力也越大，也容易形成微裂纹。同时电弧功率过大，粉末经过弧区时，流动性能较差的粉末、飞行速度较小的和颗粒越细小的粉末，可能有一部分被气化。这些气化的粒子夹在熔融粒子之间，摊平后气孔收缩，形成孔隙和夹杂。涂层孔隙率越低，夹杂物、微裂纹越少，涂层结合强度越高，涂层在摩擦过程中，磨屑越难以形成，涂层抗腐蚀、耐磨性能越好。

并且试验中发现，喷涂过程中的浮尘和粉尘对涂层的性能影响很大。喷涂过程中所产生的粉尘，如果不能被及时排走，就会沉积在涂层中，影响涂层的质量。本试验采用移动式抽风装置和压缩空气同时进行抽风和吹风除尘。其原因是，在喷涂过程中，细小的氧化铬粉末和未送入等离子火焰中心的粉末沉积在涂层中，形成了空洞和夹生（未融）颗粒，这些空洞和颗粒导致涂层与基体、涂层与涂层间的结合效果不好，而排走这些微尘后，可给后继形成的涂层提供优良的结合表面，增加了结合力和结合面积，降低了产生空洞和夹生粉的几率，提高了涂层的性能。

参 考 文 献

[1] 孙永兴，王引真，何艳玲．Cr_2O_3 梯度涂层的组织与耐磨性研究 [J]. 材料导报，2000，14（7）：64－65.

[2] Celik E，Tekmen C，Ozdemir I，et al. Effects on performance of Cr_2O_3 layers produced on Mo/cast－iron materials [J]. Surface and Coatings Technology，2003，174：1074－1081.

[3] 陈学定，韩文政．表面涂层技术 [M]. 北京：机械工业出版社，1994.

[4] 李剑锋，黄静琪，季珩，等．等离子喷涂 Cr_2O_3 涂层显微硬度的工艺优化 [J]. 硅酸盐学报，2001，29（1）：49－53.

[5] Winkler R. 316L－an alternative to NiCr bond coats for Cr_2O_3 coatings on anilox rolls [C]. Thermal Spray：Advancing the Science & Applying the Technology. Ohio：ASM Park，2003：149－152.

[6] Mann B S，PRAKASH B. High temperature friction and wear characteristics of various coating materials for steam valve spindle application [J]. Wear，2000，240：223－230.

[7] 张剑峰，周志芳．摩擦磨损与抗磨技术 [M]. 天津：天津科技翻译出版社，1993.

[8] Kim J，Manthiram A. Synthesis and lithium intercalation properties of nanocrystalline lithium iron oxides [J]. Journal of Electro chemical Society，1999，146：4371－4374.

[9] Lueas P, AngellC A. Synthesis and diagnostic electro chemistry of anocrystallinel Powders of controlled Li content [J]. Journal of Electrochemical Society, 2000, 147: 4459 - 4463.

[10] Toma D, Brandl W, Marginean G. Wear and corrosion behavior of thermally sprayed cermets coatings [J]. Surface and Coatings Technology, 2001, 138: 149 - 158.

[11] 邓世均．热喷涂高性能陶瓷涂层 [J]. 材料保护，1999，32 (1): 1 - 3.

[12] Wu. C. K. Proceedings of the 13th International Symposium on Plasma Chemsitry [M] . Beijing: Peking U. Press, 1997.

[13] 吴承康．我国等离子体工艺研究进展 [J]. 物理，1999，28 (7): 388 - 393.

[14] 彭坤，工腾，诸小丽．等离子喷涂陶瓷复材的性能和应用及其发展 [J]. 昆明理工大学报，2001，26 (2): 41 - 45.

[15] Gu Yw, et al. Functionally Graded ZrO_2 - NiCrAl Coatings Prepared by Plasma Spraying Pre - mixed Spheroid zed Powders [J]. Surface and Teehnology. 1997, 96: 305 - 312.

[16] Xiang Xinhua. Fabrication and Microstructure of ZrO_2/NiCrAlY Graded Coating by Plasma Spraying [J]. Surface and Teehnology, 1996, 88: 66 - 69.

[17] Pei Y. Laserm Cladding of ZrO_2 - (Ni Alloy) Composite Coating [J]. Surface And Coating Technology, 1996, 81: 131 - 135.

[18] 孙松年．热喷涂技术的发展及应用 [J]. 造船技术，1997，(12): 23 - 24.

[19] 徐宾士，米绍华．表面工程理论与实践 [M]. 北京：机械工业出版社，1994.

[20] 钱苗根．材料表面技术及应用手册 [M]. 北京：机械工业出版社，1998.

[21] 王海军．热喷涂材料及应用 [M]. 北京：国防工业出版社，2008.

[22] 王震林，韩勇．金属热喷涂技术及其应用 [M]. 北京：纺织工业出版社，1992: 1 - 3.

[23] Yuan Shengjin, Ye Yuanyang. Tribologieal Behavior of Plasma sprayed Ceramic Coatings [J]. Surface and Coatings Technology, 1996, 88: 248 - 254.

[24] Hyo Sok Ahn, Oh KwanKwon. Tribologieal Behavior of plasma Sprayed Chromium Oxide Coating [J]. Wear. 1999: 225 - 229.

[25] B. K. Kim, D. W. Lee, GH. Ha. Plasma Spray Coating of Spray Dried Cr_2O_3 Powder [J]. Journal of Thermal Spray Technology, 2001, 10 (1): 133 - 137.

[26] 李剑峰，黄静琪．等离子喷涂 Cr_2O_3 涂层显微硬度工艺优化 [J]. 硅酸盐学报，2001，29 (1): 49 - 53.

[27] 任靖日，金石三．Al_2O_3 - 40% TiO_2 和 Cr_2O_3 等离子喷涂的摩擦磨损特性 [J]. 摩擦学学报，2002，20 (2): 18 - 21.

[28] 王引真，孙永兴，何艳玲，等．CeO_2 对等离子喷涂 Cr_2O_3 涂层组织和滑动磨损性能的影响 [J]. 石油大学学报 (自然科学版)，2002，26 (5): 65 - 67.

[29] 任学佑．纳米涂层材料及涂层技术开发前景 [J]. 有色金属，2004，56 (3): 31 - 34.

[30] 张岩，邹炳锁．三氧化铬超微粒的制备与表征 [J]. 高等学校化学学报，1992，13 (4): 540 - 544.

[31] Tsuzuki T, Mccormick P G. Synthesis of Cr_2O_3 nanoparticles by mechanic chemical processing [J]. Acta Mater, 2000, 48 (11): 2795 - 2801.

[32] 张西军，袁伟．固相法制备 Cr_2O_3 微粒子 [J]. 北京化工大学学报：自然科学版，2002，29 (1): 71 - 74.

[33] 宋宏文，刘继光．纳米涂层的应用及进展 [J]. 机械进展，2002，29 (4): 69 - 71.

[34] 俞康泰．陶瓷添加剂应用技术 [M]. 北京：化学工业出版社，2006.

[35] Thanoo BC, Sunny MC, Jayakrishnan A. Controlled release of oral drugs from cross linked polyvinyl alcohol microspheres [J]. Pham Pharmacology, 1993, 45: 16 - 20.

[36] 高荣发．热喷涂［M］．北京：化学工业出版社，1992.
[37] 丁传贤，张叶方．等离子喷涂涂层材料［J］．表面工程，1994，4：1-7.
[38] 李福海，刘敏，朱晖朝，等．APS喷涂Cr_2O_3涂层的工程化应用研究［J］．材料研究与应用，2007，1（1）：47-50.
[39] http：//www.pumpw.com/news/html/hangye/12823.html.
[40] 阴生毅，张永清．等离子喷涂氧化铬涂层在密封盖上的应用［C］．第9次全国焊接会议论文集，287-290.
[41] 公茂秀，宁福举，王明波，等．等离子喷涂在密封隔环上的应用［J］．山东冶金，2006，22（3）：23-25.
[42] 公茂秀，斤斌，宋家来，等．金属陶瓷涂层在连铸机冷却水泵轴套上的应用［J］．第七届全国热喷涂年会论文．
[43] 谢永东，李运初，谢家浩，等．GTV等离子喷涂火电厂锅炉系统灰渣泵盘根防磨轴套［J］．润滑与密封，2002，(2)：87-88.
[44] 陈丽梅，李强．等离子喷涂技术现状及发展［J］．热处理技术与装备，2006，27（1）：1-5.
[45] 徐炫．Cr_2O_3纳米结构热喷涂粉末及耐磨涂层的制备研究［D］，长沙：中南大学，2004.
[46] 陈伟雄．Cr_2O_3涂层干摩擦性能研究［M］．长沙：中南大学，2008.

第7章　AT13耐磨耐腐蚀涂层制备及性能研究

氧化铝（Al_2O_3）类陶瓷是陶瓷材料家族中最重要、应用最广泛的一类陶瓷，其性能特征表现在：高熔点、高硬度、刚性大、化学稳定性好、绝缘性能高、热导率低、膨胀系数小、延展性差等。一方面由于 Al_2O_3 具有良好的耐磨、耐热、耐蚀、耐氧化及绝缘性等使用性能，另一方面由于来源广、价格低廉，Al_2O_3 已成为热喷涂技术中最常用的一类氧化物陶瓷材料被广泛的用作耐磨损涂层、耐腐蚀涂层、隔热涂层以及绝缘涂层等。

与 Al_2O_3 相比，TiO_2 的熔点低，硬度低，熔融态的 TiO_2 对钢、钛、铝等金属基体的润湿性比 Al_2O_3 更好，因此有更好的黏结性能。添加一定量的 TiO_2 的 Al_2O_3 涂层不仅比纯 Al_2O_3 涂层具有更好的韧性和较高的冲击载荷强度，而且可以减少涂层的空隙率，提高基体与涂层及涂层间的结合强度，这对提高涂层的耐蚀和耐磨性能具有重大的意义。按照 TiO_2 与 Al_2O_3 粉末混合的质量百分比，常见的 $Al_2O_3-TiO_2$ 复合粉末主要有：$Al_2O_3-3\%TiO_2$、$Al_2O_3-13\%TiO_2$、$Al_2O_3-20\%TiO_2$、$Al_2O_3-40\%TiO_2$、$Al_2O_3-50\%TiO_2$，其中，$Al_2O_3-13\%TiO_2$（AT13）涂层具有优异的耐磨减摩、耐腐蚀、绝缘和精加工等综合性能，是目前应用最广的一种复合氧化物陶瓷粉末材料，在航空航天、装备再制造、轻工业和汽车工业等领域都有广泛的应用[1-3]。

采用 STR100 闭环超音速等离子喷涂系统可以制备的高性能的 AT13 涂层，与常规等离子喷涂技术相比，其结合强度更高、孔隙率更低、涂层显微硬度更大。在耐磨、耐腐蚀领域具有广泛的应用前景。

7.1　试验材料及方法

1. 试验材料

试验采用的基体材料为 0Cr13Ni5Mo 不锈钢。试验采用的喷涂材料为美国苏尔寿-美科公司生产的 15～45μm 的 $Al_2O_3-13TiO_2$ 粉末。图 7.1 为 AT13 粉末的表面形貌图。可以看出，AT13 粉末具有不规则的多边形形貌。

2. 试验方法

（1）涂层制备

在喷涂前先用无水乙醇超声清洗基体表面去除油污，然后用 20 目的白刚玉砂在 0.6MPa 的压力对基体表面做喷砂粗化处理，最后用丙酮清洗并干燥。采用 STR100 闭环超音速等离子喷涂系统制备 AT13 涂层。主要工艺方案如图 7.2 所示。

（2）涂层制备工艺参数

本实验利用 STR100 等离子喷涂系统，选用表 7.1 所示的 3 组工艺参数制备 AT13

涂层。

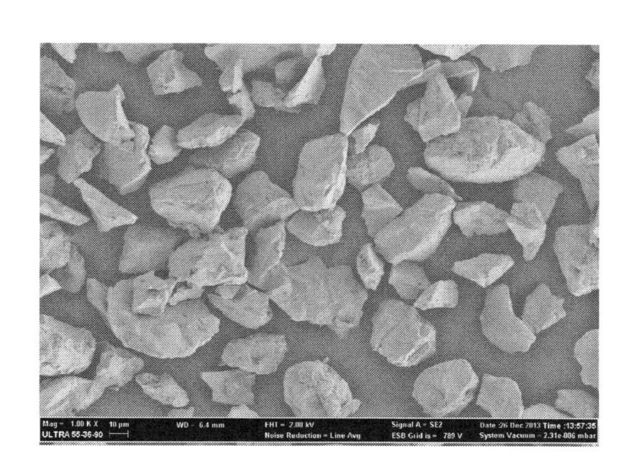

图 7.1 AT13 粉末的表面形貌图

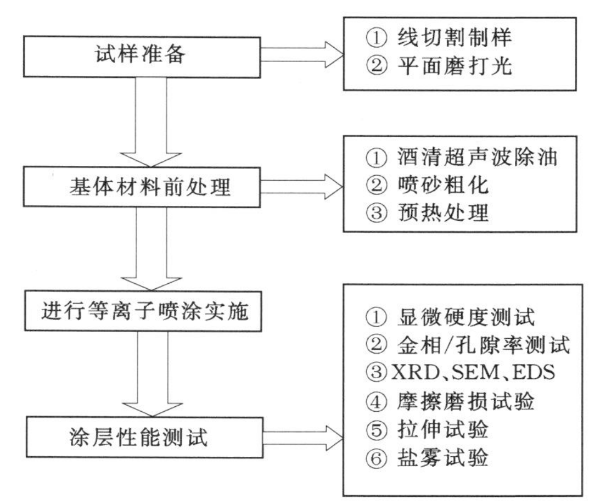

图 7.2 AT13 涂层制备工艺流程图

表 7.1 STR100 超音速等离子喷涂设备制备 AT13 涂层的喷涂参数表

工艺	功率/kW	送粉量/（g/min）	距离/mm
1 号	85	60	120
2 号	90	60	120
3 号	95	60	120

（3）涂层性能测试分析方法

采用扫描电子显微镜（SEM）对涂层的微观形貌、结合界面状态等进行分析；采用X射线衍射仪（XRD）对涂层的组织结构进行准确的分析，研究从粉末制备成涂层时，其组织成分是否发生改变以及对涂层性能的影响；采用显微硬度计、金相分析仪、万能试验机、摩擦磨损试验机、盐雾腐蚀试验机等，分别对涂层的硬度、孔隙率、结合强度、耐磨性能及耐腐蚀性能等进行测试分析，对涂层的综合性能作出准确的评价。

7.2 涂层性能分析

7.2.1 表面形貌与微观结构

图 7.3 为 AT13 喷涂粉末及涂层的 XRD 图谱。可以看出，喷涂粉末由 Al_2O_3 和 TiO_2 两相组成。原始粉末经喷涂形成涂层后，除 Al_2O_3 和 TiO_2 两相外，涂层中还出现了少量 Al_2TiO_5 相，这是在喷涂过程中，部分 Al_2O_3 和 TiO_2 反应的结果[4-5]。

图 7.4 为 AT13 涂层的截面形貌。可以看出，涂层与金属基体结合良好，涂层由两相组成，同时含有少量孔隙。超音速等离子焰流具有温度高，速度快的特点。AT13 粉末颗粒在等离子焰流中熔融情况良好，撞击基体后铺展充分，因此形成的涂层致密度较高。

通过结合 EDS 与 XRD 分析表明，暗灰色相为 Al_2O_3，白色相为 TiO_2。分析表明，

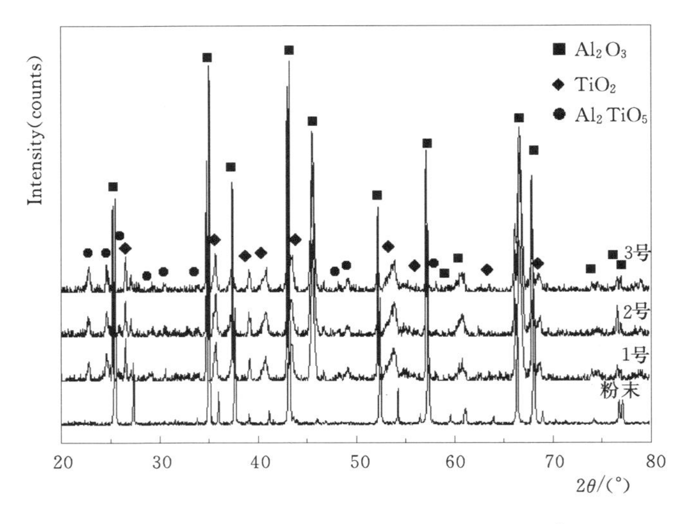

图 7.3　喷涂粉末和典型涂层的 XRD 图谱

Al_2O_3/TiO_2 两相比例为 85/15，基本与粉末中两相比例相符。

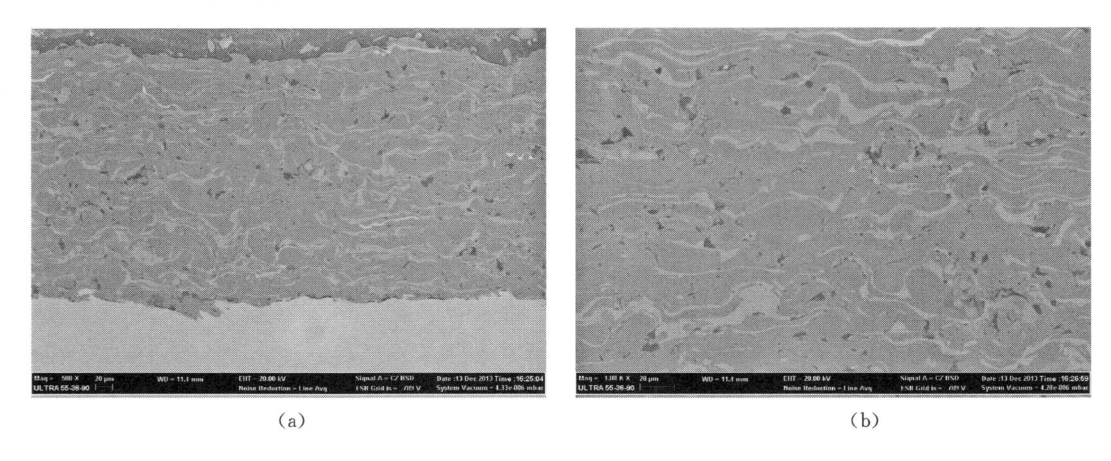

(a)　(b)

图 7.4　AT13 涂层截面形貌

(a) 500 倍；(b) 1000 倍

7.2.2　孔隙率分析

表 7.2 为涂层的孔隙率结果分析。可以看出，采用 STR100 闭环超音速等离子喷涂系统制备的 AT13 涂层具有较低的孔隙率，平均孔隙率小于 1.82%。这使得涂层获得致密的结构，有利于提高涂层的耐磨、耐腐蚀等性能。涂层的孔隙率等性能主要取决于喷涂粒子到达基体前的温度和速度，而喷涂距离主要影响喷涂粒子的速度和温度。当喷涂粒子的速度和温度衰减过快时，粒子的扁平化行为不充分，扁平粒子间搭接不好，涂层孔隙将增多。氢气流量和电源功率主要影响粒子的熔化情况，氩气等工作气体流量主要影响等离子焰流的速度。在粒子熔化情况无较大差异的情况下，粒子速度对涂层孔隙的影响相对较大。

表 7.2　　AT13 涂层孔隙率测试分析结果

工艺	测量值					平均值
1号	1.85%	1.72%	1.79%	1.88%	1.86%	1.82%
2号	1.38%	1.59%	1.45%	1.55%	1.58%	1.51%
3号	1.20%	1.35%	1.40%	1.26%	1.32%	1.31%

7.2.3 显微硬度分析

表 7.3 为涂层制备正交实验设计及显微硬度结果分析。可以看出，AT13 涂层的平均显微硬度高于 1200$HV_{0.2}$，是基体 3 倍以上，较高的显微硬度有利于涂层的耐磨性能。

在各工艺参数中，氢气流量和电源功率都直接影响喷涂粉末的熔化状态，喷涂粉末熔融不充分和过分氧化都会影响涂层的显微硬度。在合适的范围内，氩气主要影响等离子焰流的速度。喷涂距离主要影响喷涂粒子的速度和温度。综上所述，涂层的显微硬度除受材料本身性能影响外，主要取决于喷涂粒子到达基体前的温度和速度。对喷涂粒子温度和速度影响越大的喷涂参数，对涂层的显微硬度影响就越大[7-9]。

表 7.3　　AT13 涂层平均显微硬度

工艺	测量值					平均值
1号	1258	1320	1295	1236	1271	1276
2号	1211	1192	1249	1167	1196	1203
3号	1318	1298	1272	1250	1307	1289
基体	387	388	386	388	385	386

7.2.4 结合强度分析

从表 7.4 AT13 涂层的结合强度测试结果以及图 7.5 拉伸断口形貌可以看出，AT13 涂层与金属基体结合强度偏低，拉伸失效位置位于涂层与基体界面。这是由于 AT13 陶瓷涂层自身的热膨胀系数、硬度等性能与金属基体相差较大，即使金属基体在喷涂前经过喷砂处理，涂层与基体的机械咬合力也有限。

表 7.4　　Cr_2O_3 涂层及 CoNiCrAlY/ Cr_2O_3 复合涂层结合强度

涂层	工艺	测量值					平均值
AT13 涂层	1号	30	29	32	31	28	30
	2号	34	31	33	30	37	33
	3号	32	33	31	29	30	31
CoNiCrAlY/AT13 复合涂层	1号	50	51	49	52	48	50
	2号	48	53	52	50	52	51
	3号	50	53	51	52	54	52

通过在 AT13 陶瓷涂层与金属基体之间增加一层 CoNiCrAlY 打底层，涂层的结合强度有了大幅的提高，说明打底层的热物性能介于基体和陶瓷层之间，起到了良好的过渡作用。

图 7.5　AT13 涂层拉伸断口形貌

7.2.5　耐腐蚀性能分析

通过电化学工作站对 AT13 及基体的耐电化学腐蚀性能进行测试分析。图 7.6 为 AT13 涂层和基体的电化学极化曲线。表 7.5 为 AT13 涂层及基体的自腐蚀电位和自腐蚀电流。从中可以看出，AT13 涂层的自腐蚀电位均高于不锈钢基体，自腐蚀电流密度均小于不锈钢基体，说明这部分 AT13 涂层在 5%NaCl 中性溶液中的耐腐蚀性能优于不锈钢基体。

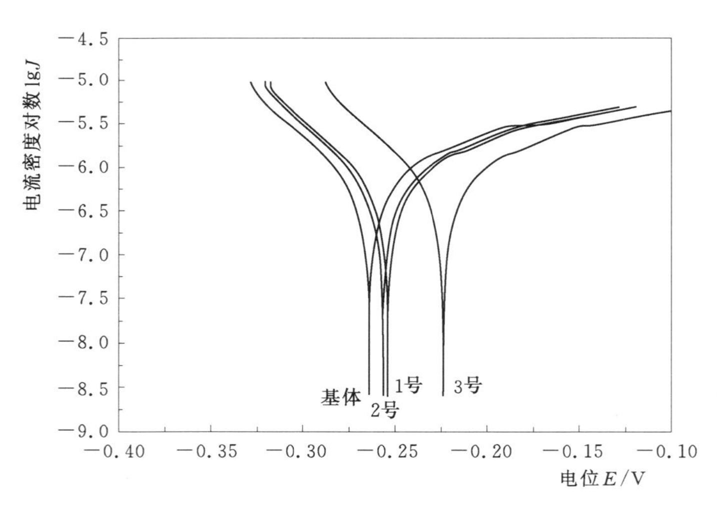

图 7.6　涂层及基体的电化学极化曲线

表 7.5　涂层及基体的腐蚀电位和腐蚀电流

涂层	E_0/V	i_{corr}/（$\times 10^{-7}$ A/cm²）
基体	−0.2645	4.61
1 号	−0.2566	1.82
2 号	−0.2590	3.33
3 号	−0.2179	1.80

7.2.6 中性盐雾腐蚀性能

表 7.6 为涂层经中性盐雾腐蚀 240h 后的增重。基体的增重为 0.0008g，涂层增重略高于基体。说明由于涂层存在一定的孔隙，在盐雾试验过程中腐蚀介质会进入到这些孔隙中并残留，导致涂层发生了较大的增重。图 7.7 试验中对涂层经中性盐雾腐蚀 240h 的表面观察发现，涂层并未发生拱起破坏，只是局部区域有腐蚀斑，表明腐蚀介质并未透过涂层的孔隙到达涂层与基体界面处。

表 7.6　　涂层经中性盐雾腐蚀 240h 后的增重

涂层	增重量/g	涂层	增重量/g
1 号	0.0013	3 号	0.0009
2 号	0.0011	基体	0.0008

图 7.7　涂层中性盐雾腐蚀 240h 后表面形貌

7.2.7 耐磨损性能分析

表 7.7 为 AT13 涂层以及基体经过摩擦磨损试验后的失重量。摩擦磨损试验的对磨球材质为 Si_3N_4，加载力 f 为 500g，摩擦半径 R 为 6mm，加载速度 v 为 1120r/min，试验时间 t 为 180min。

表 7.7　　基体与 AT13 涂层摩擦磨损失重情况对比表

工艺	失重/g	基体失重与涂层失重比	
1 号	0.0038	21	基体的失重 0.0800g
2 号	0.0033	24	
3 号	0.0032	25	

涂层（3 号）最佳耐摩擦磨损性能为不锈钢基体的 25 倍。虽然与 WC 等金属陶瓷相

比，其耐磨性能存在较大的差距，但涂层仍具有远高于基体的耐磨性能。图7.8从磨损之后的形貌来看，涂层磨损情况较轻，磨损痕迹窄且浅。

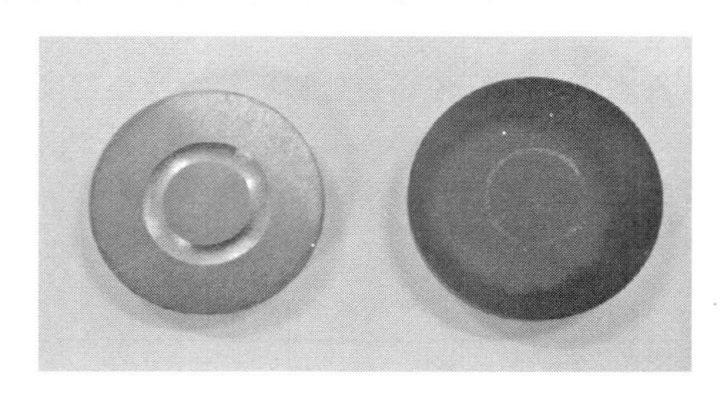

图7.8 AT13涂层与基体摩擦磨损性能测试后表面形貌

7.3 AT13耐磨耐腐蚀涂层的应用

AT13涂层具有良好的耐磨、耐腐蚀性能，目前已广泛应用于造纸机械、石油机械、纺织机械、汽车工业等行业，具有良好的耐磨、耐腐蚀效果。

1. AT13涂层在石油化工行业的应用

往复泵是石油化工行业广泛应用的机械。通过柱塞的往复运动传输液体介质，因此柱塞在使用过程中不可避免地会受到介质的腐蚀与磨损。通过在柱塞表面制备AT13陶瓷涂层，可以大幅提高柱塞的使用性能及使用寿命[10-12]。

2. AT13涂层在纺织机械的应用

纺织机械的零部件，如锭杯、罗拉、槽辊等，在使用的过程中会受到纱线、化纤等材料的磨损作用。为了提高其使用寿命，需要在其表面制备高硬度、耐磨的氧化物陶瓷涂层，如AT13、Cr_2O_3等。见图7.9。

3. AT13涂层在造纸机械的应用

刮刀涂布是生产涂布纸最常用的一种涂布方式。在涂布生产中，依靠刮刀将配制好的

图7.9 在纺织机械零部件上的应用

涂料均匀涂覆到纸张表面。涂料中含有高岭土、$CaCO_3$ 等陶瓷粒子，会对刮刀产生强烈的磨损。钢刮刀的平均使用寿命一般为 24～30h，损耗量极大。而陶瓷刮刀，即在刚刮刀表面进行热喷涂氧化物陶瓷涂层，可以大幅延长其使用寿命，是普通钢刮刀的 8～10 倍[13]。

7.4 小　　结

通过 STR100 闭环超音速等离子喷涂系统可以制备孔隙率低、结合强度高的耐磨、耐蚀 AT13 陶瓷涂层，较传统的等离子陶瓷涂层有了质的提升，可以在耐磨、耐蚀应用领域实现电镀铬的全面替代。并可以大幅提升这些领域内设备的使用性能和使用寿命，降低单位时间的使用成本。

参 考 文 献

[1] 牛振兴，解念锁．先进热喷涂材料的选择及应用研究 [J]．2008，(16)：435.
[2] 邓世钧．高性能陶瓷涂层 [M]．北京：化学工业出版社，2003，17 - 28.
[3] 张平．热喷涂材料 [M]．北京：国防工业出版社，2006：39 - 58.
[4] O. Tingaud，A. Bacciochini，G. Montavon，etc. Suspension DC plasma spraying of thick finely - structured ceramic coatings：Process manufacturing mechanisms [J]. Surface and Coatings Technology，2009，203 (15)：2157 - 2161.
[5] 曾伶，陈丽梅，李强．正交试验法优化大气等离子喷涂 Al_2O_3 - 13wt. % TiO_2 涂层的工艺参数 [J]．福建农林大学学报（自然科学版），2012，41 (1)：109 - 112.
[6] OZKAN S. Effect of some parameters on microstructure and hardness of alumina coatings prepared by the air plasma spraying process [J]. Surface and Coatings Technology，2005，190：388 - 393.
[7] BOUNAZEF M，GUESSASMA S，MONTAVON G，et al. Effect of APS process parameters on wear behaviour of aluminatitania coatings [J]. Materials Letters，2004，58：2451 - 2455.
[8] LIN X H，ZENG Y，LEE L S W，et al. Characterization of alumina - 3wt. % titania coating pmpared by plasma spraying of nanostructured powders [J]. Journal ofthe European Ceramic Society. 2004，24：627 - 634.
[9] 吴晓东，翁端，徐鲁华．等离子喷涂氧化铝涂层的结构与性能研究 [J]．稀土，2002，23 (1)：1 - 5.
[10] NORMAND B，FERVEL V，CODDET C，et al. Tribological properties of plasma sprayed alumina - titania coatings：role and control of the microstructure [J]. Surface and Coatings Technology，2000，123 (2 - 3)：2783 - 4287.
[11] GUESSASMA S，BOUNAZEF M. Experimental design to study the effect of APS process parameters on friction behaviour of alumina - titania coatings [J]. Advanced Engineering Materials，2004，6 (11)：907 - 910.
[12] 李桂林，等．陶瓷涂层材料及其应用 [J]．中国材料科技与设备，2008 (5)：15 - 17.
[13] 孙利军．陶瓷涂布刮刀在造纸工业中的应用 [J]．上海造纸，2002，33 (2)：8 - 9.

第8章　FeCrNi复合防腐涂层制备及性能研究

电弧喷涂利用丝材端部产生的稳定电弧为热源，熔化连续进给的丝材，再通过高速气流将熔滴雾化并快速喷射到工件表面形成涂层。因其具有高效率、低成本、易操作、适合现场施工等特点，成为一种重要的热喷涂技术，被广泛应用于钢铁、机械、化工等领域，可以有效替代防腐装饰的电镀铬工艺。常规的电弧喷涂金属涂层主要有电弧喷涂 Zn、Al、Ni 及其合金涂层等[1-2]。

随着现代工业的发展，对电弧喷涂涂层的性能要求日渐提高，往往在保证涂层具有良好耐腐蚀性能的前提下，还要求涂层具备较好的耐磨性能，并且还要求涂层能够抵抗一定的撞击，保证涂层的高使用寿命，如闸门、钢结构桥梁等，在受到潮湿环境腐蚀的同时，还会受到风沙等的磨损。而传统的电弧喷涂技术，由于其自身性能的研制，无法同时实现上诉对电弧涂层的性能需求。于是新的电弧喷涂技术应运而生，即超音速电弧喷涂技术，该技术的出现使得实现上诉高性能涂层成为可能。并且想要实现上诉的高性能涂层，需要对超音速电弧技术的工艺参数、涂层的成分结构、孔隙率、结合强度等关键技术指标进行研究和优化[3-5]。

8.1　方案设计

8.1.1　试验材料及涂层制备

丝材选用 FeCrNi 复合丝材，丝材直径为 2.0mm。FeCrNi 复合涂层具有良好的耐腐蚀能力，同时其耐磨性能较常规 Al、Zn 等合金有了大幅提高，可以广泛用于防腐、耐磨涂层等领域。

基体选用 Q235 钢材料，Q235 刚被广泛应用于闸门、铁塔、桥梁、水利机械等领域。

采用 STR－HVARC 超音速电弧喷涂设备进行涂层制备。该设备可以对电弧丝材进行超细雾化，并通过燃烧气体以及高压空气将雾化后的金属粒子推向工件表面，形成致密、高结合强度的涂层。喷涂火焰实现 5～6 个马赫锥，金属粒子飞行速度达到 800m/s 以上，冲击到基材表面后形成良好的结合，应力状态为最佳的压应力。同时，丙烷既作为燃烧气体又具有保护气体的功能，可以大幅减少涂层的氧化情况，保持涂层具有良好的韧性和结合强度。

涂层制备流程：基材表面经过除油、去离子水漂洗、超声波清洗处理后进行喷砂处理，砂子采用粒度为 25～30 目的白刚玉砂。对喷砂处理后的工件采用烘箱进行预热，温度 100℃，喷涂过程中工件温度不超过 150℃时。通过超音速电弧喷涂设备 STR - HVARC 在基材表面制备涂层。

8.1.2 涂层性能测试分析方法

采用 SUPRA55 场发射扫描电子显微镜（SEM）分析涂层的微观形貌。采用 XPer Powder 型 X 射线衍射仪（XRD）测定粉末与涂层的相结构。采用 KMM - 500 金相分析仪测试涂层截面的孔隙率，测量 5 个视场取平均值。采用 WDW - 50KN 微机控制电子万能试验机测试试样的结合强度，测试夹具及试样按照国标 GB/T 8642—2002 制作，采用 FM1000 薄膜胶进行黏结并固化，拉伸速率为 0.5mm/min，制备两组试样进行测试取平均值。

采用 HXD - 1000TMC 显微硬度计测试试样的显微硬度，峰值载荷为 100g，加载时间 10s，每个试样测量 12 个点，去掉极值后取平均值。采用 HT - 1000 型球-盘摩擦磨损试验机考察试样在干摩擦下的磨损性能，采用 ϕ5mm 不锈钢球进行对磨，试验时间为 60min，载荷为 500g，摩擦圆半径为 6mm，转速 560r/min，并采用 LE225D 十万分之一电子天平进行失重称量。

采用 RST5200 电化学工作站测试试样的耐蚀性能，采用标准三电极体系，环氧树脂封装后的试样作为工作电极，铂片作为辅助电极，饱和甘汞电极（SCE）作为参比电极，在 25℃的 3.5%NaCl 溶液中进行动电位计划曲线测试，电化学测试前工作电极在 3.5% NaCl 容易中浸泡 0.5h。动电位扫描范围为－100～100mV（相对于开路电位），扫描速率为 0.5mV/s。

8.1.3 试验方案设计

通过多次的试验以及系统性的试验才能很好的掌握超音速电弧技术这项新技术，才能获得优化的工艺参数。

在对该超音速电弧喷涂设备的多次试验后，得到了初步的工艺参数，在此基础上设计得出以下的 16 组正交试验。通过此次的正交试验，得到优化的工艺参数。见表 8.1 所示。

表 8.1　　超音速电弧工艺参数正交设计表　　L16 (4^5)

序号	空气压力 /PSI	丙烷压力 /PSI	电压 /V	送丝速率 /%	喷涂距离 /mm
1	72	70	30	15	100
2	72	72	32	20	150
3	72	74	34	25	200
4	72	76	36	30	250
5	75	70	32	25	250
6	75	72	30	30	200
7	75	74	36	15	150
8	75	76	34	20	100

续表

序号	空气压力 /PSI	丙烷压力 /PSI	电压 /V	送丝速率 /%	喷涂距离 /mm
9	78	70	34	30	150
10	78	72	36	25	100
11	78	74	30	20	250
12	78	76	32	15	200
13	81	70	36	20	200
14	81	72	34	15	250
15	81	74	32	30	100
16	81	76	30	25	150

1. 喷涂工艺正交优化设计

丝材：FeCrNi 复合丝材，直径 2.0mm；

空气压力（PSI）：72、75、78、81；

丙烷压力（PSI）：70、72、74、76；

电压（V）：30、32、34、36；

喷涂距离（mm）：100、150、200、250；

送丝速率：15%、20%、25%、30%。

2. 优化工艺参数

经过对涂层的关键性能测试分析，以及结合正交优化分析，得到以下 3 组优化后的工艺参数（见表 8.2 所示），本试验采用这四种工艺参数进行进一步研究。

表 8.2　　超音速电弧喷涂优化后工艺参数

序号	空气压力 /PSI	丙烷压力 /PSI	电压 /V	送丝速率 /%	喷涂距离 /mm
1	81	74	36	20	150
2	81	74	34	20	200
3	81	72	32	15	200

8.2　FeCrNi 复合涂层的微观结构与性能

采用超音速电弧喷涂技术制备的 FeCrNi 复合涂层为典型的层状结构，各成分以不同的金属化合物形式紧密叠加融合在一起，形成稳定的涂层形态。超音速电弧涂层具有普通电弧所不具备的高致密性，低孔隙率，更高的表面硬度和耐磨性以及更良好的耐腐蚀性能。通过微观结构分析可以对涂层的成分、结构、氧化情况与性能等的关系进行机理性研究，评价电弧喷涂 FeCrNi 复合涂层的主要性能指标为：孔隙率、硬度、结合强度、耐磨损性能、耐腐蚀性能等[6-7]。见图 8.1 所示。

从涂层的微观形貌可以看出，超音速电弧技术制备的各成分以扁平的层状结构融合在

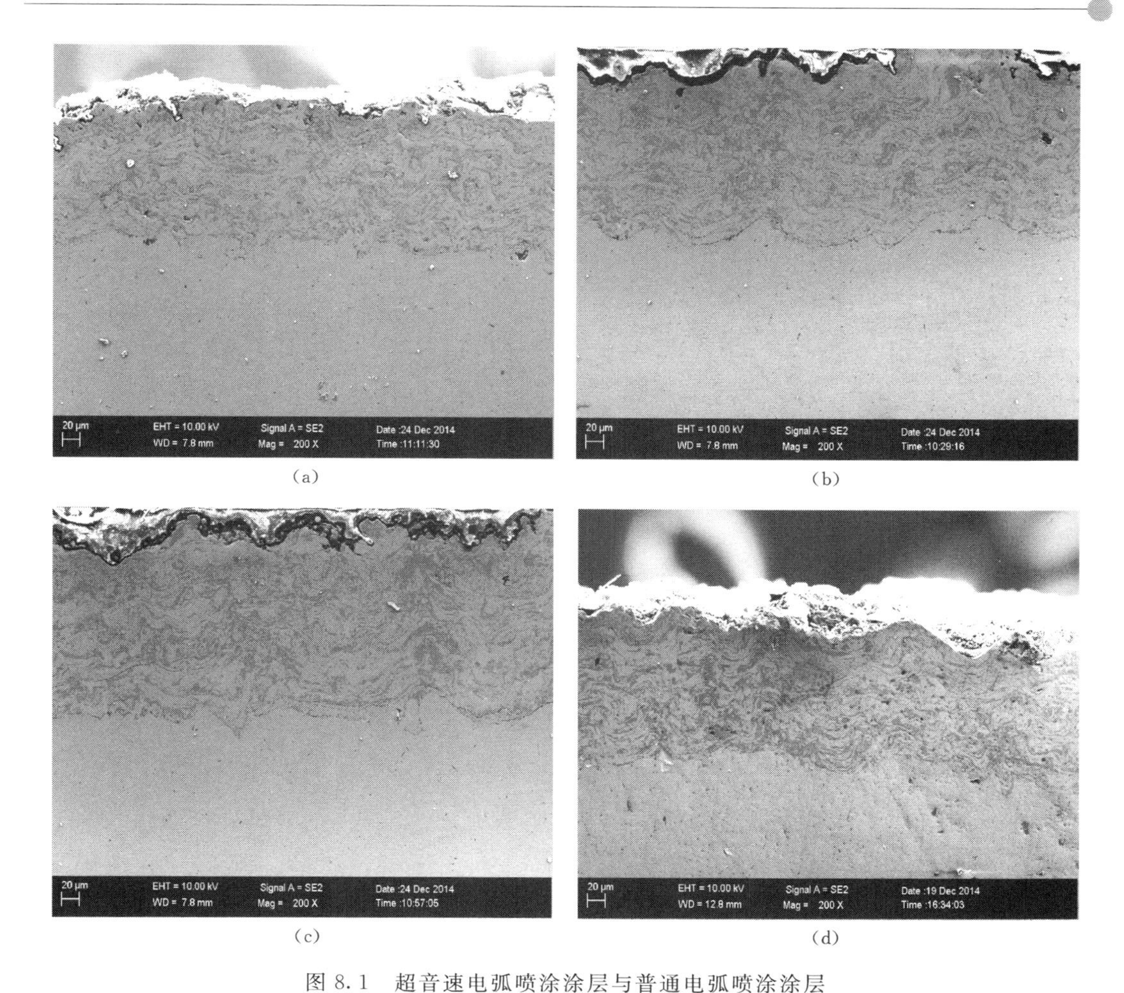

(a) (b) (c) (d)

图 8.1 超音速电弧喷涂涂层与普通电弧喷涂涂层

(a) 超音速电弧涂层 1 号；(b) 超音速电弧涂层 2 号；(c) 超音速电弧涂层 3 号；(d) 普通电弧涂层

一起，层与层之间的结合紧密，无脱层现象。而普通电弧涂层的层与层之间存在较多的孔隙，涂层致密性较差。

8.2.1 涂层孔隙率

涂层是由变形粒子堆叠形成，变形粒子在堆叠过程中往往不能完全重叠，特别是对于温度和速度较低的粒子，由于变形不充分，更容易产生不完全重叠，从而不可避免地会形成孔隙。通过金相照片可以清晰的观察涂层中孔隙的大小及数量，本试验采用专用的金相孔隙率分析软件进行孔隙率的测量，所测的涂层孔隙率指这些孔隙的总面积所占的百分比。见图 8.2 所示。超音速电弧涂层及普通电弧涂层的孔隙率测试结果如表 8.3 所示。

表 8.3 孔隙率测试结果 %

涂 层	1号	2号	3号
超音速电弧 FeCrNi 复合涂层	<1.55	<1.57	<1.50
普通电弧 FeCrNi 复合涂层	<7.68	<7.56	<8.24

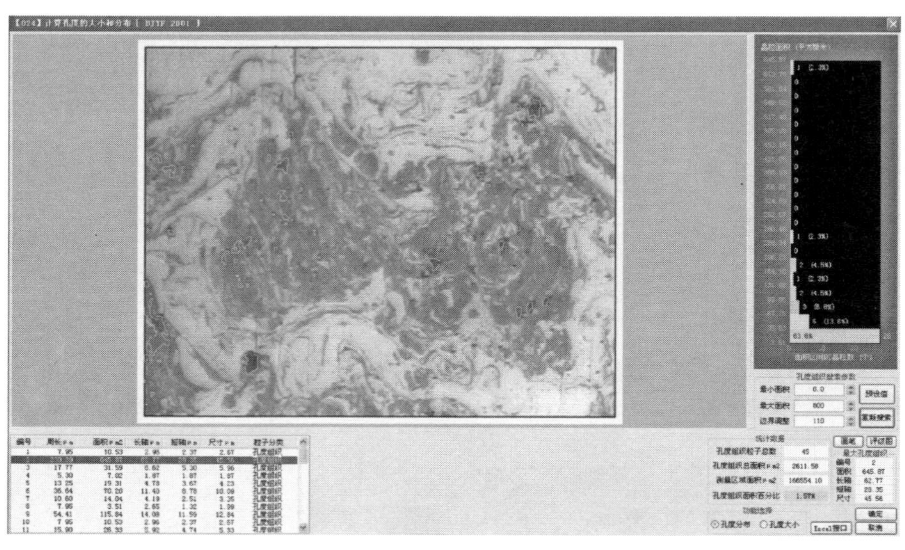

(a)

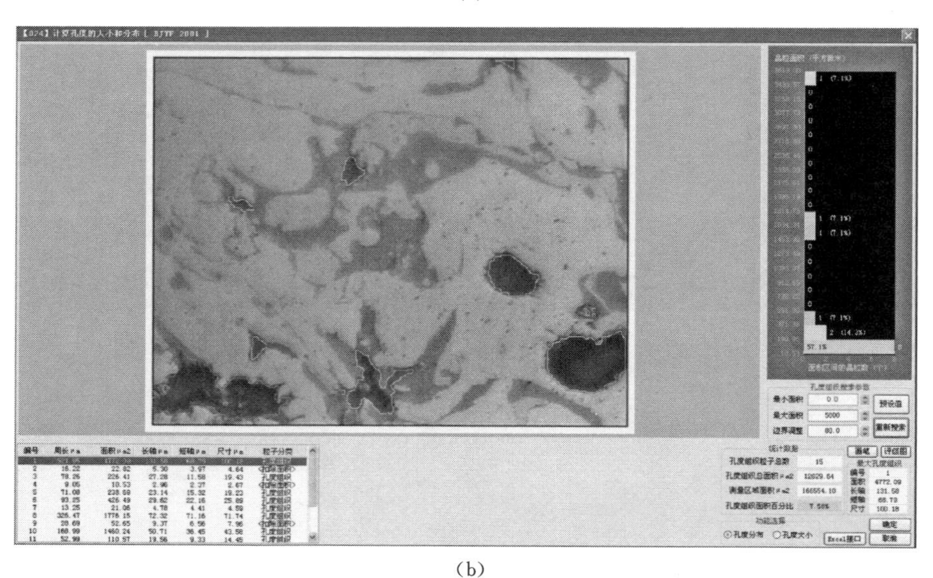

(b)

图 8.2　超音速电弧喷涂涂层与普通电弧喷涂涂层孔隙率分析

(a) 超音速电弧涂层；(b) 普通电弧涂层

从涂层的孔隙率测试结果中可以看出，超音速电弧涂层具有极低的孔隙率，三种工艺参数的涂层孔隙率均<1.5%，该孔隙率水平已与常规的超音速火焰热喷涂涂层相当，这是普通电弧技术远无法达到的。

喷涂时，半熔融金属粒子的飞行速度越高所制备涂层就更加致密。而该超音速技术通过对丝材更加均匀、细小的雾化，并使这些金属粒子以超过 800m/s 的飞行速度撞击到基体表面形成涂层，由于金属颗粒更加细小、撞击的作用力更大，因此能够获得孔隙率极低的高致密涂层。涂层的孔隙率大小是评价涂层性能好坏的关键指标之一，其直接影响涂层的耐磨、耐腐蚀等性能，极低的孔隙率能大幅提高电弧涂层的使用性能[8-10]。

8.2.2　涂层的相组织结构

涂层的 XRD 测试结果如图 8.3 所示。由 XRD 物相分析可知，超音速电弧 FeCrNi 涂层与普通电弧 FeCrNi 涂层的物相结构基本相同，主要成分为 Fe－Cr、Cr_2O_4、Cr_7C_3、NiCr－Cr_2O_4，喷涂过程中的高温以及氧气环境使得金属元素形成复合相，并且存在较多的氧化相。其中 Cr_2O_4、Cr_7C_3 相的形成可以提高涂层的硬度以及耐腐蚀性能，但也可能会导致涂层的脆性增加，不利于涂层与基体的结合以及产生微裂纹等情况[11-13]。

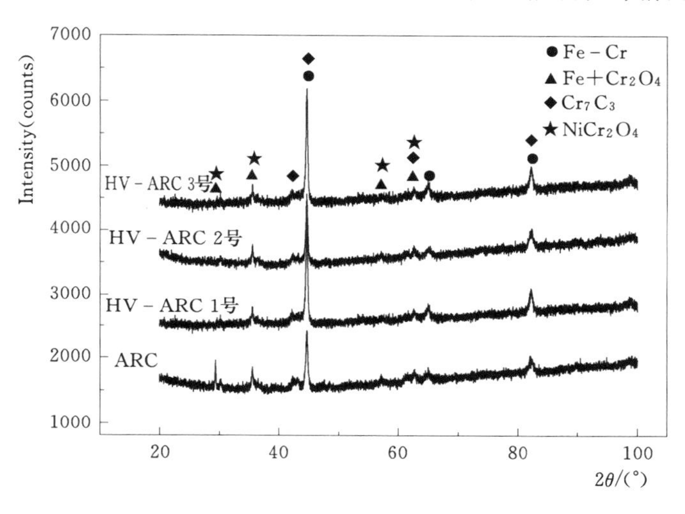

图 8.3　涂层 XRD 测试分析

由于具有保护气体的存在，超音速电弧涂层中的氧化物相的含量要低于普通电弧涂层，而普通电弧涂层由于发生严重的氧化情况，使得涂层的脆性大幅提高，进而涂层会出现较大孔隙、微裂纹等，影响涂层性能。

8.2.3　涂层的结合强度分析

表 8.4 为涂层的结合强度测试结果，超音速电弧 FeCrNi 复合涂层的结合强度达到 50MPa，是普通电弧涂层的 2.5 倍以上。超音速电弧喷涂使金属粒子以高速、高能状态撞击到基体表面，在基体表面形成压应力状态，与基体形成良好的结合，获得较高的结合强度。

表 8.4　　　　**结合强度测试结果**

涂层	涂层工艺	测试值					平均值
超音速电弧 FeCrNi 复合涂层	1 号	50	51	52	51	50	50.8
超音速电弧 FeCrNi 复合涂层	2 号	53	52	52	50	48	51
超音速电弧 FeCrNi 复合涂层	3 号	49	48	52	51	50	50
普通电弧 FeCrNi 复合涂层		19	18	21	17	19	18.8

结合强度是涂层的关键性能指标之一，该指标在很大程度上决定了涂层的使用条件及使用寿命。超音速电弧技术在保持喷涂效率高及价比高等特点的同时，大幅提高了涂层的结合强度，这大范围地扩大了电弧喷涂涂层的适用范围，也能够大幅提高涂层的使用寿命。

8.2.4　涂层的显微硬度测试及氧化物对涂层硬度的影响

涂层的显微硬度测试分布结果如图 8.4 所示，三种工艺的超音速电弧 FeCrNi 涂层的显微硬度测试值基本接近，较普通电弧提高了 40%以上。这是由于超音速电弧涂层具有极高的致密性，使得涂层的显微硬度值大幅提高。进而可以提高涂层的耐磨等性能，大幅提升对 Q235 钢基材的防磨保护。

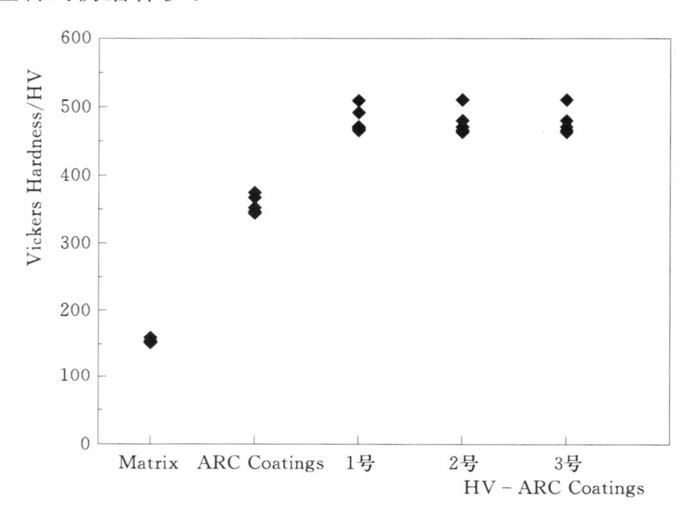

图 8.4　涂层显微硬度值测试分布

FeCrNi 丝材在电弧喷涂形成涂层时，不可避免地会受到高温氧化，高温氧化会对涂层显微硬度值起到较大的影响。针对涂层不同的相结构区域进行硬度测试如图 8.5 和表

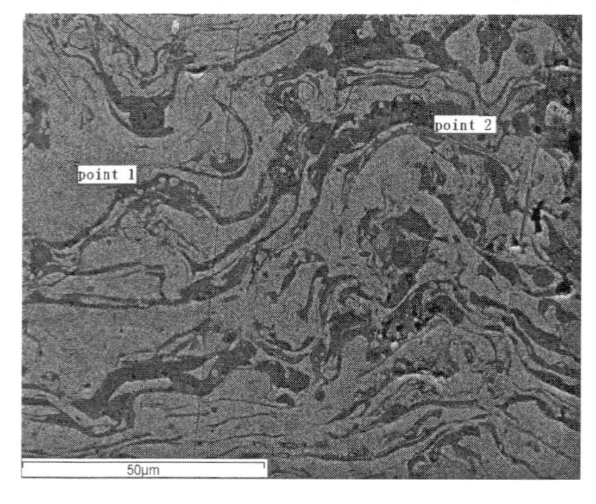

图 8.5　涂层能谱分析

8.5 所示，从图中可以看出不同相结构区域的显微硬度不同，并且通过 EDS 能谱分析得出图 8.5 中颜色较深区域的含氧量较高，并且该区域的显微硬度值较高（如图 8.6 所示）。通过显微硬度测试得出含氧量高的区域的显微硬度为 $HV_{0.1}$526 高于含氧量低的 $HV_{0.1}$453。说明涂层中 CrO 等氧化相的存在使得涂层的局部硬度有所提高。

表 8.5　　能谱测试结果

	C	O	Cr	Fe	total
Point 1	7.11	3.00	10.79	79.10	100.00
Point 2	3.05	33.75	8.79	54.41	100.00

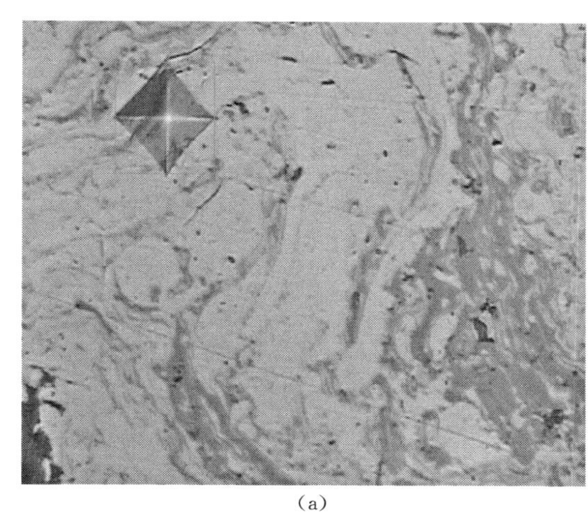
(a)

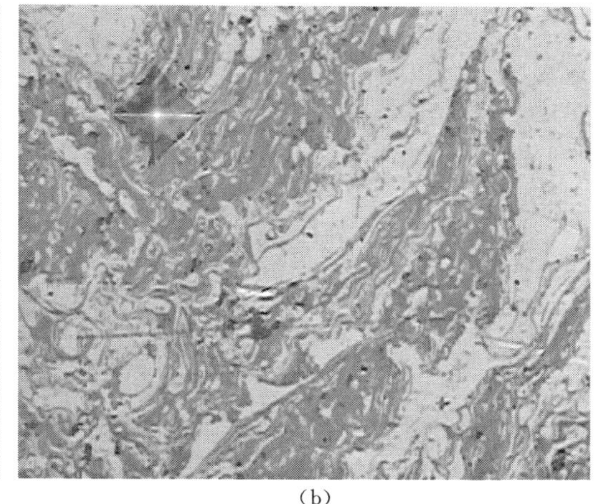
(b)

图 8.6　涂层显微硬度测试图
(a) 含氧量低区域硬度；(b) 含氧量高区域硬度

高温氧化会使得涂层的整体硬度有一定幅度的提高，这会促进涂层的耐磨性能的提高。但是普通电弧由于受到较严重的高温氧化，虽然局部的硬度有较大幅度的提高，但涂层整体的脆性也大幅增加，涂层韧性降低、脆性增加，会导致涂层发生开裂等情况，影响涂层的性能[14-16]。

8.2.5　涂层耐磨性能测试与分析

图 8.7 所示为涂层及基体在 60min 摩擦磨损试验后的磨损失重量。从中可以看出，由于 FeCrNi 复合涂层的显微硬度等力学性能要高于基体 Q235 钢，因此两种电弧制备涂层的耐磨损性能都远高于基体。但是超音速电弧涂层较普通电弧涂层的耐磨损性能有了显著的提高，这是由于超音速电弧技术提高了涂层的致密性，增加了涂层的韧性并提高了涂层的表面硬度，获得了普通电弧所不具备的耐磨性能。从图 8.8 所示的摩擦系数曲线中也可以看出，致密性及表面硬度可以降低涂层的摩擦系数，当摩擦持续进行时，摩擦界面被强化，界面越来越光滑，摩擦系数降低，耐磨性能不断提高。而普通电弧涂层的脆性较高，局部存在开裂等情况，使得在摩擦发生时，涂层表面金属颗粒不断被对磨球磨削下来，摩

擦界面一直处于较为粗糙的状态[17-20]。

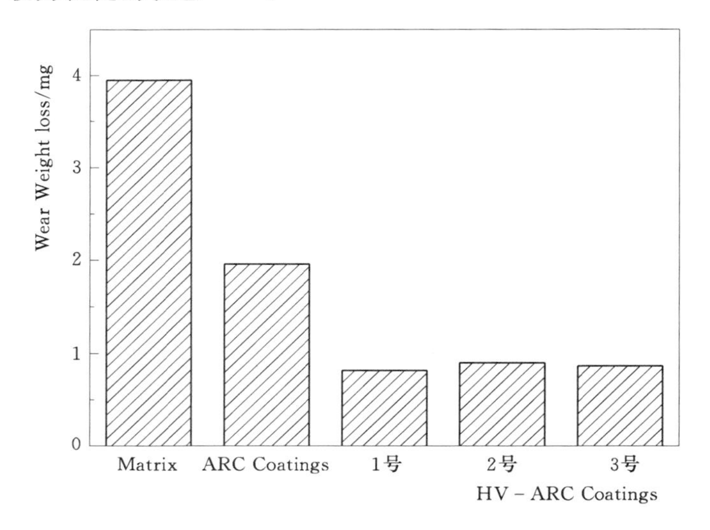

图 8.7　涂层摩擦磨损试验的磨损量

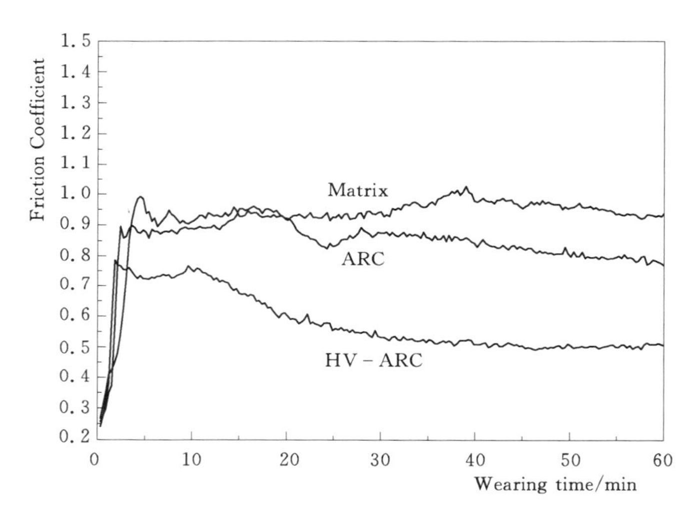

图 8.8　涂层与基体的摩擦系数曲线

三种参数下的超音速电弧涂层的耐磨损性能基本相同，较普通电弧都提高了 40%以上，较 Q235 基体提高了 4.8 倍。并且从涂层和基体摩擦磨损后的形貌照片中可以明显看出两种涂层以及基体的磨损情况存在明显的差别，超音速电弧涂层表面只有轻微的磨痕，而普通电弧涂层及基体都出现了明显的凹痕。

这说明超音速电弧使涂层的耐磨性能有了大幅的提高，高致密性、高硬度等性能使得涂层的耐磨性能有了大幅的提高。

8.2.6　涂层的耐腐蚀性能分析

采用准确度较高的电化学工作站对涂层进行耐腐蚀性能测试分析，通过腐蚀电位、腐

图 8.9 涂层的摩擦磨损照片

(a) 基体；(b) 普通电弧涂层；(c) 超音速电弧涂层

蚀电流等，可以准确、直观地比较出涂层耐腐性能的优劣，见图 8.9。

两种涂层及基体的电化学腐蚀电位如图 8.10 所示，腐蚀电流如表 8.6 所示。从中可以看出，两种涂层的腐蚀电位都高于基体，腐蚀电流都低于基体，说明 FeCrNi 复合材料通过电弧技术在工件表面制备涂层后都能对基体起到耐腐蚀的防护作用，FeCrNi 复合材料通过电弧喷涂制备的涂层仍保持其原有的耐腐蚀性能，其中 Cr、Ni 合金相的存在可以保证涂层的耐腐蚀性能。超音速电弧涂层由于其孔隙率远低于普通涂层，使得腐蚀介质在涂层中的扩散变得困难，因此超音速电弧涂层具有高于普通电弧涂层的耐腐蚀性能。

表 8.6　涂层腐蚀电流测试结果

涂层	涂层工艺	测试值
超音速电弧 FeCrNi 复合涂层	1 号	$i_{corr}=3.855\times10^{-6}$ A/cm^2
超音速电弧 FeCrNi 复合涂层	2 号	$i_{corr}=3.625\times10^{-6}$ A/cm^2

续表

涂层	涂层工艺	测试值
超音速电弧 FeCrNi 复合涂层	3 号	$i_{corr}=3.734\times10^{-6}$ A/cm^2
普通电弧 FeCrNi 复合涂层		$i_{corr}=5.321\times10^{-6}$ A/cm^2
Q235 基体		$i_{corr}=7.906\times10^{-6}$ A/cm^2

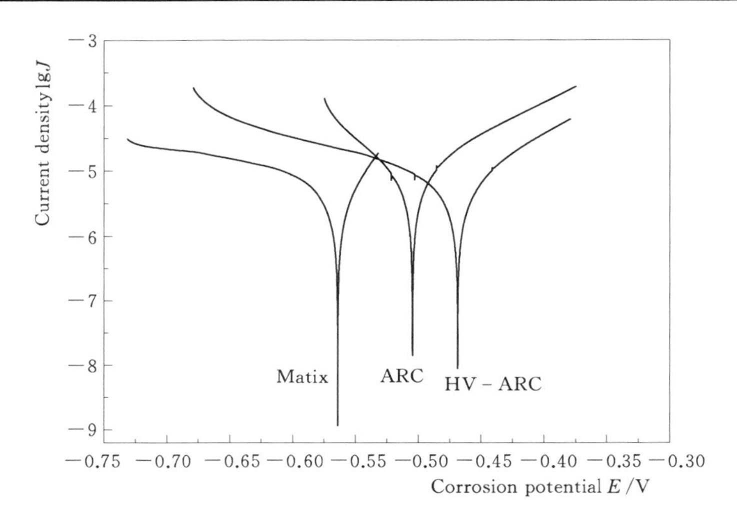

图 8.10　涂层的腐蚀电位图

8.3　超音速电弧喷涂 FeCrNi 复合涂层的应用

采用超音速电弧技术喷涂 FeCrNi 复合涂层具有低孔隙率、高结合强度、耐腐蚀、耐磨等特性，可以被广泛应用于水工闸门、水力机械过流部件、内燃机曲轴等[21-23]。

1. 大型水工钢结构闸门耐磨防腐应用

大型水工钢结构闸门在使用的过程中长期受到潮湿环境的腐蚀作用，并且还会受到泥沙、风沙等的磨损、冲蚀、汽蚀等作用，特别是在含沙量极高的黄河流域，这种磨损、冲蚀、汽蚀等的破坏更加严重。这些磨损问题，仅采用普通电弧喷涂 Al、Zn 等合金是无法解决的。而采用超音速电弧喷涂 FeCrNi 复合涂层即可以满足闸门的防腐需求，又解决了泥沙等的磨损、冲蚀问题。可以大幅提高水工闸门的使用寿命，保障水利工程的安全运行。见图 8.11 所示。

图 8.11　水工金属闸门示意图

2. 曲轴耐磨防腐及修复应用

轴颈的椭圆形磨损是由于作用于轴颈上的力沿圆周方向分布不均匀引起的。发动机工作时，连杆轴颈所受的综合作用力始终作用在连杆轴颈的内侧，方向沿曲轴半径向外，造成连杆轴颈内侧磨损最大，形成椭圆形。连杆轴颈产生锥形磨损的原因是由于通向连杆轴颈的油道是倾斜的，当曲轴回转时，在离心力的作用下，润滑油中的机械杂质偏积在连杆轴颈的一侧，加速了该侧轴颈的磨损，使连杆轴颈的磨损呈锥形。此外，连杆弯曲、气缸中心线与曲轴中心线不垂直等原因，都会使轴颈沿轴向受力不均，而使磨损偏斜。

可以通过在曲轴表面预先喷涂FeCrNi复合涂层的方式解决磨损问题，并且可以通过该技术对曲轴进行修复，较电刷镀等工艺，该方法具有修复尺寸范围大，涂层质量好，无污染等特点。

3. 锅炉管壁耐磨防腐应用

锅炉的管壁长期受到高温腐蚀、冲蚀磨损等的侵害，如不及时进行防护处理，就会发生管壁减薄甚至磨穿的情况，大幅增加停机检修、维修等工作，并带来安全隐患，每年会造成巨大的经济损失。

图 8.12 锅炉管壁超音速电弧喷涂防护

如图 8.12 采用超音速电弧喷涂技术可以在锅炉管壁表面制备耐磨、耐腐蚀的高性能防护层，可以大幅延长设备的运行寿命，将检修周期提高 2～3 倍，节约大量的成本和资源。

8.4 小 结

通过新型的超音速电弧技术可以制备孔隙率极低、高韧性、高结合强度的防腐、耐磨涂层，较传统的电弧涂层有了质的提升，可以适用于传统电弧技术的防腐蚀应用领域，并可以大幅提升这些领域内设备的使用性能和使用寿命，节约使用成本。并且由于涂层具备了良好的耐磨性能和高的结合强度，还可以大范围的拓展其应用领域，如水利机械的一些过流部件、闸门、启闭机等需要耐磨、防腐蚀的机械设备。

参 考 文 献

[1] 王瑞军，黄小鸥，等. 低孔隙超细涂层的高速电弧喷涂枪的制备 [J]. 焊接，2004 (2)：26-29.

[2] 罗来马，等. 高速电弧喷涂 FeMnCr Cr_3C_2 涂层的组织与性能 [J]. 材料热处理学报，2009，30 (3)：174-177.

[3] 张欣，王泽华，等. 高速电弧喷涂 FeCrNiNbBSiMo 涂层高温氧化性能 [J]. 材料热处理学报，2014，35 (1)：157-162.

[4] 李平，王汉功. 45 钢表面超音速电弧喷涂 Ti-Al 涂层的组织与性能研究 [J]. 材料保护，2002，

35 (11)：12 - 14.

[5] 查柏林，王汉功，苏勋家．超音速热喷涂技术在再制造中的应用 [J]. 中国表面工程，2006，19 (z1)：174 - 177.

[6] 董重里，李尚周，余红雅，等．高铬镍基合金超音速活性电弧喷涂涂层性能的研究 [J]. 中国表面工程，2003，(2)：13 - 14.

[7] 晁拥军，刘少光，等．高速电弧喷涂含稀土 FeMnCrNiAl /Cr_3C_2 复合涂层的组织与耐磨性能 [J]. 材料热处理学报，2012，33 (3)：137 - 141.

[8] 汪刘应，王汉功，等．超音速电弧喷涂不锈钢涂层结合强度研究 [J]. 中国表面工程，1999，(1)：19 - 21.

[9] 栗卓新，方建筠，等．高速电弧喷涂 Fe - TiB_2 / Al_2O_3 复合涂层的组织及性能 [J]. 中国有色金属学报，2005，15 (11)：1800 - 1805.

[10] 徐维普，徐滨士，等．高速电弧喷涂 Fe - Al/Cr_3C_2 涂层摩擦磨损因素研究 [J]. 热加工工艺，2004，(12)：16 - 18.

[11] 孙国栋，刘长华．Q235 钢基表面超音速电弧喷涂 WC - Co 涂层冲蚀磨损性能研究 [J]. 热加工工艺，2014，43 (20)：123 - 124.

[12] Huang F, Liu W J , Sullivan J F. Room - temper ature oxida tion of ultrathin TiB_2 films [J]. Journal of Materials Research, 2002, 17 (4): 805 - 813.

[13] Anantha padmanabhan P V , Sreekumar K P , Ravindran P V , et al. Electrical resistivity of plasma - sprayed titanium dibo ride coatings [J] . 1993, 28 (6): 1655 - 1658.

[14] Jones M , Horlock A J, Shipway P H , et al. A comparison of the abrasive wear behavior of HVOF sprayed titanium carbide and titanium boride based cermet coatings [J]. Wear, 2001, 251: 1009 - 1016.

[15] 温瑾林．电弧喷涂技术的进步 [J]. 表面工程，1994，(1)：16 - 21.

[16] GAHR K H Z. Microstructure and wear of materials [M]. Amsterdam: Elsevier Science Publishers, 1987: 340 - 345.

[17] 李平，王汉功．45 钢表面超音速电弧喷涂 Ti - Al 涂层的组织与性能研究 [J]. 材料保护，2002，35 (11)：12 - 13.

[18] Milind Kelkar, Joachim Heberlein. Wire - Arc Spray Modeling [J]. Plasma Chemistryand Plasma Processing, 2002, 22 (1): 1 - 25.

[19] 项建海，索双富．高速电弧喷枪流场模拟研究 [J]. 中国表面工程，2005，70 (1)：27 - 29.

[20] 王志平，等．电弧喷涂技术在水轮机转轮空蚀修复中的应用 [J]. 红水河，2001，20 (3)：69 - 71.

[21] Zhu Zixin, Liu Yan, Chen Yongxiong, et al. Heatt ransfer analysis of atomized droplets during high velocity arc spraying [J]. Transactions of Nonferrous Metals Society of China, 2004, 14 (s2): 103 -105.

[22] 梁燕．超音速电弧喷涂合金保护层技术的应用 [J]. 华东电力，2001，(12)：57 - 58.

[23] 彭国军，王瑞．超音速电弧喷涂在锅炉管防护中的应用 [J]. 煤炭技术，2002，21 (7)：65.